U0246528

The Hidden
Intelligence of
Hormones

关于情绪、陪伴与爱

HORMONAL

H

雌激素

[美]玛蒂·哈兹尔顿
(Martie Haselton)
著

黄琪 译

中信出版集团 | 北京

图书在版编目（CIP）数据

雌激素：关于情绪、陪伴与爱 / （美）玛蒂·哈兹
尔顿著；黄琪译 . -- 北京：中信出版社，2024.10.
ISBN 978-7-5217-6666-0

Ⅰ . Q579.1-49

中国国家版本馆 CIP 数据核字第 2024H30T90 号

雌激素：关于情绪、陪伴与爱

著者： ［美］玛蒂·哈兹尔顿

译者： 黄琪

出版发行： 中信出版集团股份有限公司

　　　　　（北京市朝阳区东三环北路 27 号嘉铭中心　邮编　100020）

承印者： 北京通州皇家印刷厂

开本：880mm×1230mm 1/32　　　印张：8.5　　　字数：211 千字
版次：2024 年 10 月第 1 版　　　印次：2024 年 10 月第 1 次印刷
京权图字：01-2024-3616　　　　　书号：ISBN 978-7-5217-6666-0
　　　　　　　　　　　　　　　　定价：59.00 元

献给我的父亲

马克·巴登·哈兹尔顿。

我想念您。

也献给我的家人

杰姬和里克·塞布，帕梅拉·哈兹尔顿，

乔迪、蒂姆、泰勒和比利·尼兹尼克，

最重要的是献给我的孩子

乔治娅和拉克伦。

CONTENTS

目　录

INTRODUCTION

The New
Darwinian
Feminism

序

关于雌激素的
科学事实

从事研究工作以后，我非常幸运地找到了科学家梦寐以求的东西：一个与社会相关的有趣话题，一个既未被研究透，又富含"经验价值"的话题。

我刚开始研究女性激素周期的时候，科学界的普遍共识是：人类与其他物种差异巨大，而激素周期与人类性行为模式的关系不大。当时人人都认为，人类已经摆脱了激素的控制，而我们那些非人类的亲戚仍在受激素摆布。这种想法部分基于人们真心认为人类拥有一些罕见的特质，其中包括这一点：人类会在几乎任何时间进行性行为——在排卵前后的生育力高峰期，在激素周期中的其他时间，甚至在不可能受孕的时候，比如，在女性孕期、产后不久和哺乳期，以及在绝经后的生殖后期。人类的这种"长期性行为"与其他哺乳动物的性行为模式形成了鲜明的对比。

我曾理所当然地认为女性不受激素的影响。我们不是机器人，不会听任雌激素的指挥，产生某种行为冲动——如性行为（或与对手竞争）。但身为进化理论家，职业训练让我想到，激素确实可能也影响了女性，左右了她们在性和社交方面的决定。激素控制着生殖，是自然选择中的强大引擎。因此，虽然说出来令人震惊，但激素不可能不以某种方式影响女性的行为。

我所在实验室的第一轮研究发现，处于生育力高峰期的女性似乎看重男性伴侣的性魅力。她们也会认为自己较平时更有吸引力，想要去俱乐部、参加派对，因为在这些场所可能会遇到男性。甚至，在这个阶段来实验室时，她们会穿得更漂亮，有时着装更为暴露。似乎排卵会引发"物色对象"行为。

一开始，我只把这项研究当作一个小项目，但研究结果实在太诱人了，让我难以割舍——我必须进一步研究下去。如果不断寻找，我还会发现女性的欲望中隐藏着哪些秘密呢？在几十位学生和多位亲爱的同事的帮助下，我把研究坚持了下去。

我写这本书，是想分享一些有趣的研究结果。原来，我们女性在激素方面充满智慧。我们的激素会影响我们的方方面面，从择偶欲望（第二章和第四章）到竞争冲动（第五章），在孕期和初为人母时身体和行为的变化（第七章），以及我们的"新篇章"——有着超越生殖、解锁新体验的潜力的绝经（第七章）。

我写这本书也是为了抛砖引玉，让更多人写出对女性大脑和身体的认识。尽管我们已经了解了很多，但几十年来，研究工作还是受到一种观念的阻碍，这种观念认为男性可以在生物医学方面被当作"默认性别"。（要是男性可以，女性怎么就不行？）这种观念还认为，女性因为激素周期的问题而非常"麻烦"。何必找麻烦呢？

我认为我们对女性的激素和行为了解得太少，而我们必须对此多加了解才能在人生的各个阶段做出最明智的决定。通过服药抑制激素周期，甚至完全消除月经周期，会有什么后果呢？当进入人生第3个、第4个甚至第5个10年时，怀孕实际意味着什么？我们能否找到一款灵丹妙药——像伟哥帮助男性解决他们的床第问题那样——来满足女性的欲望？我在本书中探讨了这类问题，但我们仍然没有得出全部答案，无法助益所有的女性和男性。

我也想为女性和激素问题提供一个不一样的视角。数十年来，在学术圈外，女性一直因为"受激素左右"而遭到嘲弄，甚至因此而无法当总统。（我下半辈子都不会忘记，2016年11月8日那天，我带着女儿一起去投票，满心以为她会见证历史，看到美国第一位女总统的诞生——结果却事与愿违。）有人可能认为这些大男子主义的想法老掉牙了，但我总能见到它们兴风作浪，我会在第一章详谈这个问题。

我们对男性和女性的激素周期的看法存在双重标准。格洛丽亚·斯泰纳姆在 20 世纪 80 年代后期的一篇文章《如果男性会来月经》中强调了这一点。[1] 她表示，如果男性有月经，来月经就会变成男性引以为傲的事情。她还说，"联邦政府会为卫生用品拨款，让卫生巾免费"。而且，好笑的是，"当然，有些男性仍然会花钱享受某些有派头的商业品牌，像是保罗·纽曼[①]牌卫生棉条、拳王阿里倚绳战术[②]牌卫生巾、约翰·韦恩[③]牌卫生巾、乔·纳玛什[④]牌护垫，以重新感受'过去无忧无虑的单身汉时光'"。（若想了解更多要求减少"粉红税"的运动，可以看第三章中"免费的卫生棉！"一节。）

有人认为用生物学去解释女性的行为会阻碍女性获得成功。这种观点是说，两性差异哪怕有一丁点儿生物学基础，也注定会让女性成为典型的女性，将她们局限在母亲的角色中，想在事业上有所成就的女性，会狠狠地撞在职场的玻璃天花板上。这类研究隐含的意思是，关于女性激素和行为的信息多说无益，最好不要去破坏那些典型女性形象。

我的想法正好相反。封锁信息，或者不去研究急需解答的与激素相关的重要问题，才叫对女性无益。在我看来，我们对女性和激素的理解属于授人以渔。它不是在每个月的那几天变得"受激素左右"而失去理性那么简单。它是在说，激素引导着我们经历了女性人生中的独特体验——从欲望和快感的觉醒，到择偶、生孩子（如果我们愿意）、育儿、

---

① 保罗·纽曼，美国男演员、导演，代表作《骗中骗》《金钱本色》。——译者注
② 倚绳战术是拳王阿里的绝招之一。他靠在拳击场地的围绳上任由对手攻击，但不会跌倒或掉下去。利用这样的方法，阿里消耗了对手的体力，并让对手放松警惕，从而在之后的回合中打败对手。——译者注
③ 约翰·韦恩，美国男演员，以饰演西部片和战争片中的硬汉闻名。——译者注
④ 乔·纳玛什，美国著名橄榄球运动员。——译者注

向生殖后期过渡。这些体验对我们理解生而为人的意义至关重要。这些体验将我们与我们的哺乳动物亲戚，甚至与曾经横行地球的巨型蜥蜴，联结在了一起。确定的是，女性自有女性独特的行事方式，我会在第四章解释原因。

刚开始从事科学工作时，我认为自己绝不会让工作涉及政治。我决心当一名客观的科学家，就事论事。但无论我去哪里，政治，或者至少是争议，似乎总是会尾随我。用进化论思想解释人类心理曾经（且仍然）是存在争议的。对行为做任何生物学解释都会引起社会科学界的不安，这种情况……曾多次啮噬我的心灵。但我的研究结果似乎有力地证明了进化在人类社会心理上留下的足迹。因此，这些发现的新闻价值不仅在于它们新颖又诱人，也在于它们对理解塑造人类心理和行为的力量有着深层的影响。这项研究给我的科学家身份增添了一些名气。

我也克服了很多困难。我在仔细研究后才发表结果，耐心等待最佳数据，拒绝走捷径。有些阻力来自某些评论文章，文章批评我们在实验室中使用的科学方法，影射研究结果是基于玩弄数据，制造了可疑的假象。（实际上，我们检查了相关证据，发现证据与批评者的说法截然相反。我现在还在等他们发邮件对我说："不好意思，是我们错了！"）我曾在会议中遭到喝止，还收到过令人瞠目结舌的邮件。我并不迷信所有的科学事实——对于来自我实验室的数据以及他人的研究，我都抱持健康的怀疑态度。但我觉得，有些争论也太过头了，值得被莎士比亚写成戏剧（前提是莎士比亚愿意以美国的一两所大型研究型大学作为故事背景）。

我与争议的摩擦始于职业生涯之初。本科期间，我清楚自己想成为一名心理学家，但我更感兴趣的是用更"硬核"的生物学知识对人类行为做科学分析，这在当时还不是主流做法。我在上哲学课时有过一次醒

雌激素：关于情绪、陪伴与爱

醍灌顶般的经历，那次经历预示着我今后会走上科学的道路。

教授解释了二元论（对"思想"和"身体"的不同解释，有某种小精灵在驱动着思想的机器）和唯物主义（大脑制造了行为，就是这样！）的区别。他让我们举手表态。谁支持二元论？教室里的手都举了起来——除了我的。谁支持唯物主义？我兴冲冲地举起手，环视其他同学，觉得他们荒唐至极。从那时起，我立志发现并消灭胡说八道。

刚读研究生的时候，我遇到了著名的进化生物学家斯蒂芬·杰·古尔德。他有很多闪亮的成就，其中之一是区分了对生命物质形态多样性的进化论解释和对人类行为的解释。当时我刚刚开始学习进化心理学（我会在第二章讨论），发现这门学科的逻辑非常吸引我。没错，关于人类的身体和器官系统早有进化论解释——从这门课中我还学到，关于人类的精神"器官"（以及由此产生的行为）也有进化论解释！

古尔德给生物系学生上课时，我偷偷溜去参加他们的问答环节。我举手问古尔德，为什么他认为进化心理学充满不确定性。这显然不是他以为大家会问的问题。他一反常态，回答时有点儿拖沓，说理论很难验证之类的。虽然当着几百名生物系研究生的面发言令我极度紧张——更别说面对形象威严的古尔德了——但我还是对他紧追不舍。我问：那好，为什么在全球 37 种文化中，我们仍会看到男女择偶标准的差异存在固定的模式呢？（我会在第四章讨论这个问题。）他说：呃，那，可能有点儿道理。消灭胡说八道，我得一分！我越发感兴趣了。

我说这些事，并非因为我反对政治行动，当然，我也不反对人们争取平等机会。我也有这种想法，是因为我是一名女性主义者。我认为女性没有得到与男性一样的机会，尤其是在商界、政府和科学领域。（我也认为，女性拥有一些男性没有的重要机会，但这种机会的数量较少。）我发现，甚至一些开明的女性主义者（男性和女性都有）也存在刻板印象，导致我们对男性和女性做出不公正的评判。我想为一种新的女性主义发声，这就是新达尔文主义的女性主义。

这种女性主义尊重并充分探索了生理知识。女性有权利理解影响了我们的身体和心理的历史——包括进化史。我们需要女性生理——和激素——本质方面的优质信息。是的，有些人想得过于简单，或者怀有性别歧视，称女性的生理"是老天决定的"。但要说我们学到了什么，那就是生理固然重要，但社会环境（以及做反省和做决策的部门）一样重要。因此，我认为我们应该与那些持简单论调的人抗争。我们要纠正他们。我们要说：是的，女性和男性的行为都有生理基础。弄清楚总好过不求甚解，你说呢？

我还认为，我们对女性激素分泌的起源和机制了解得越多，就能越好地调节激素（也可以选择任其自然）。这是本书想要传达的关键信息（第七章和第八章会特别提到这一点）。

我写这本书还有一个原因：我的学生，尤其是大一时来听我的所谓"性系列"课程的学生。这是一门关于性和性别的跨学科课程，是我和加州大学洛杉矶分校的优秀讲师共同开设的。这门课吸引了很多女学生，很多非典型性别的学生也因为我们称作"自我探索"的研究而前来听课。我想让他们知道，如果愿意，他们可以做科研，就算他们跟素材图片里穿着白大褂的科学家（通常是男性）的外表或举止不一样，也没有关系。学期结束时，我们同所有教授以及研究生导师一起举办了一场圆桌会。大家畅所欲言，探讨了相关研究，而我们先问了学生们的想法。我们提的问题像是这样的："我们是否应该强行保持性别平衡，好让学物理的男女学生数量相等？"（学生们的回答几乎总是否定的。他们想要有选择，而不想被强迫。）

最近几年，我总会在这样的讨论中讲一个故事。刚读研时，我发现，我的女性化特质与传统科学家形象有冲突，有损我在科学方面的可信度。于是我开始有意识地弱化我的女性化外表：不化妆，穿牛仔裤、卫衣和运动鞋，洗完澡后就让头发披下来。我想得到重视和认可。但一段时间后，我觉得自己像是披着一层劣质的伪装，显得非常假。就像我对学生们说的，后来，"有一天我说道：'去他的！'我要做真实的自己，还原本来的样子，如果因为我是个搞科研的女人，我就必须比别人更努力，那我也做得到"。我不愿意拘囿于受人误导的典型女性形象中。

我希望本书可以让大家看到，女性不应该被一种受激素左右的错误印象约束。事实上，我认为，我们应该收回"受激素左右"这一概念——毕竟，我们确实如此——并且要颂扬它，因为我们的激素可以带给我们快乐，指导我们生活，让我们更有智慧。

CHAPTER

1

The Trouble with Hormones

第一章

破除性别偏见：
迎接你的激素智慧

"今天可别去找霍莉提升职的事，她会把你生吞活剥了。"为什么会这样？因为她在受激素左右。"上一分钟她还开开心心的，下一分钟她就会气得不行。"她在受激素左右。"呀，她还真是来者不拒呢。"她在受激素左右。

难以取悦的女性……生孩子机器……疯婆子……性感辣妈……冰雪女王……野蛮女友。

无论我们所处的时代多么现代和进步（或者我们以为如此），如今仍然活跃着这些典型的女性形象。20世纪，当女性以创纪录的数量涌入劳动力大军，在几乎所有领域晋升到领导岗位，最终超过了从美国各高校毕业的男性数量时，上述女性形象依旧没有消失。[1]

这些不仅仅是普通的典型形象，因为她们都有一种生理成分，使她们不同于其他陈腐的概念，比如落难少女。这些女性形象，还有其他很多在职场、家庭、学校的日常情境中出现的形象，都来自一个核心概念：雌激素控制着女性的行为，就像上文所说的"她在受激素左右"那样。

她在受激素左右——她每个月波动的雌激素水平和其他女性生殖激素水平将她变成了这样。但这件事并不容易解释清楚。

事实是：或许她确实受到了激素的左右，但所有人类，男性和女性，都有激素周期。（没人会说男性受激素左右，至少不会带着同样的贬义说，而其实睾酮水平的波动周期是按天来的，而不是按月来的。）可能说"她在受激素左右"比"她来月经了"稍微礼貌一点点，但"受激素左右"的标签似乎是专属于女性的。

问题是：在解释女性的行为，尤其是被视为过于有攻击性、精神失常或者不符合女性性格的行为时把问题归因于性激素，是一种过度简化，这样做极具破坏性，令人深恶痛绝。它本质上是在说，由于受到自身生理条件的支配，女性几乎无法控制自己的行为。这种简单的解释掩盖了某种重要的原因，某种对于女性和男性来说会改变一生的原因。

实际上，女性的激素周期体现了 5 亿年的进化智慧。虽然激素确实影响着女性行为（其实整本书写的正是关于这个问题），然而，在女性的生育力周期中蕴藏着隐秘的信息，女性可以利用这个古老的知识在自己的现代生活中做出最佳决策。在一些人简单解释为"受激素左右"的日常行为中，有一种生化过程在帮助雌性动物——包括上万个物种中数以十亿计的雌性——选择配偶，避免被强奸，与雌性对手竞争，争夺资源，生育具有良好基因和美好前景的后代。为了应对这些挑战，雌性动物的大脑发生了进化，它们会与激素共谋，而不是听任激素使唤。

激素是我们得以生存和繁衍的关键原因。

○生理不决定命运（但会决定政治）

作为一名科学家和女性主义者，我懂得，讨论雌激素及其对女性行为的影响如同在陡峭山区涉险，哪怕在一群想法相同的人当中也是如此。起初，我有点儿惊讶——我以为大家都想获得这类知识，尤其是女性。我们有权了解自己的身体和心理的工作机制与原因。但我逐渐发现，那些信息经过精挑细选，最终会湮没在性别政治转瞬即逝的混沌里。满脑子错误信息的性别歧视者仍然有办法歪曲事实，将生理差异解释为女性无法跨越的障碍。女性主义者自然不希望出现这种情况。出于这个原因，要区分谬论与事实，并非易事。

比方说，2012 年选举年出了一则争议极大的 CNN（美国有线电视新闻网）新闻报道，激素自己都差点儿去参与了投票。选举之前两周，网络上发布了一则新闻报道，说根据即将发表的研究[2]，单身女性在排卵期（生育力最高时），比起支持州长米特·罗姆尼，会更支持总统巴拉克·奥巴马和他的政策。这则报道是这样解释研究结果的："当女性排卵时，她们'感觉性欲更强'，因此倾向于对堕胎和婚姻平等持更开明的态度。"[3]报道还说，已婚女性或稳定关系中的女性倾向于支持更为保守的罗姆尼。

由于博客和网络新闻的迅速传播，对这则报道的反对声音来得快速又猛烈。"CNN认为疯狂的女性是在用自己的阴道投票。"杰泽贝尔（Jezebel）博客网站的凯蒂·贝克写道。凯特·克兰西在"科学美国人"网站上发表了文章，标题为《为奥巴马疯狂，但只在自以为是的已婚妇女不排卵的日子》。"'女性大肆扰乱投票，判断标准是候选人下巴的魅力'，长期以来，这样噩梦般的形象困扰着女性候选人。"《华盛顿邮报》的亚力山德拉·佩特里写道。几天后，CNN撤掉了这则报道，记者遭到了嘲笑，研究的首席作者受到了恶意邮件的攻击。

CNN的撤稿被视为女性的一次胜利，标志着女性在政治上的进步，也意味着当下的政治环境与20世纪70年代完全不同，那时有一个著名的政治人物宣称，女性"受到汹涌的激素影响"，这令她们没有资格走上领导岗位。埃德加·伯曼博士是美国国家要务民主党全国委员会的成员，也是副总统休伯特·汉弗莱的高级顾问和私人医生。1970年，一位女性国会成员提出，女性的权利应在党内得到优先考虑，伯曼给予否定，语气中充满不屑，如同一个彻头彻尾的维多利亚时代的人。他举例说，月经周期和绝经都是女性无法实现平等的原因。

"如果你在银行有投资，"他解释道，"你不会希望银行行长在放贷时正好受到汹涌的激素影响。假设我们在白宫有一位总统，一位绝经的女总统，她必须对猪湾问题做决策，这肯定很糟糕，跟当时苏联与古巴搅和在一起比，哪种情况更糟糕？^①"伯曼其实是在暗指，自由世界的这位情绪化的女性领导会拿起椭圆形总统办公室的红色电话，对克里姆林宫乱骂一通，从而引发一场核战灾难。（我写这本书时正是 2016 年总统大选之后——哈哈，真是讽刺。^②）

伯曼是一个坚定的民主党人，支持日托中心和更方便的避孕手段等女性议题。有证据证明，他想要将讨论引到越南等问题上，并试图展现幽默，如果是这样，那他的听力理解错得离谱，而他开玩笑的节奏也实在差劲。这是女性运动的关键时刻，运动的领导者正努力呼吁大家关注同工同酬等问题和支持平等权利修正案。伯曼来了，说了句玩笑话，正好加深了女性只能待在家里的刻板印象。1970 年，电视剧《玛丽·泰勒·摩尔秀》首次播出，刻画了一名一心扑在工作上的女性玛丽·理查兹；同年，伯曼宣称女性太容易受激素左右。但美国小姐选美大赛的冠军仍比玛丽吸引了更多观众，而电视剧《家有仙妻》中的萨曼莎尽管勇敢无畏，却把大量时间花在打扫房子上（像个凡人一样）。

虽然当时没有互联网，但伯曼的言论还是很快传开了。几个月后，他辞掉了委员会的职务。不仅他的政治观点受到了质疑，他的科学常识也遭到了批评。"什么'汹涌的激素影响'纯属胡说八道，至少是严重夸张了。"哈佛大学的内分泌学家西德尼·因格巴说。他的专业见解得到了其他人的赞同。加州大学的精神病学家利昂·J.爱泼斯坦博士补充说："任何带着权威感发表言论的人都坚定地把偏见或无人认同的观点当成根据。"⁴

---

① 1961 年 4 月 17 日，在美国中央情报局的协助下，逃亡美国的古巴人在古巴西南海岸猪湾向菲德尔·卡斯特罗领导的古巴革命政府发起了一次失败的入侵，这就是所谓的猪湾事件。猪湾事件标志着美国反古巴行动的第一个高峰。古巴担心美国再次进攻，于是开始靠近苏联，最终导致了 1962 年的古巴导弹危机。——译者注

② 在 2016 年美国总统大选中，唐纳德·特朗普打败了希拉里·克林顿。——译者注

雌激素：关于情绪、陪伴与爱

但伯曼与 CNN 不同，他没有收回自己的言论，实际上，他更加理直气壮了。后来在为自己辩解时，他写道："医生（和大多数女性）不可能否认，很多女性在生命中的某些时期会出现焦虑和情绪紊乱，这超过了普通男性偶尔有的情况。我说过，在这种压力时期，一切都是平等的，我个人在关键的决策上更看重男性的判断……我无法收回，也不会收回这一科学事实。"[5]

当然，伯曼博士的论述中并不存在"科学事实"。但他吐露了一个关于女性的普遍观点——雌激素麻烦又讨厌，需要被"矫正"。这个观点已经传承了好几代人，甚至好几个世纪。行经和绝经都被看作难以启齿的话题，医学界也没有为女性提供很多关于她们身体的信息。有人形容月经为"倒霉了""特殊情况"，还有一些介于两者之间的神秘话题，有关性、怀孕和生产。

就在伯曼发表这些耸人听闻的言论时，一群女性聚集在波士顿。她们刚刚就女性的生殖健康问题出版了一本 193 页的小册子，其中对性行为、怀孕和生产、堕胎及当时其他的禁忌话题展开了生动的讨论。当时她们正在修改这本朴素又大胆的新闻出版物，这本书后来成为《我们的身体，我们自己：美国妇女自我保健经典》的第一版。这本轰动一时的女性健康"圣经"把对女性身体——以及随之而来的力量——的自我认知直接交到了女性的手里。[6]

我们已经取得了很大的进步，亲爱的读者。但是，需要记住的是，我们仍需不断前行。不要忘记在 2015 年，一位女记者强烈要求当时的总统候选人唐纳德·特朗普解释他对女性所说的贬低言论时，他说了什么——他暗示，她之所以如此咄咄逼人，是因为"她身体的某个地方在冒血"。

换句话说，45 年后，女性仍在受激素左右。

○险恶的（激素）周期

不仅是男性的偏见阻止了我们欣赏激素和女性行为的优点，有时候，最大的障碍反倒是女性自己建立的——包括那些积极争取职场男女平等的女性。

这种逻辑是，一旦我们承认了两性之间的差异，我们就会在这场争论中失利，再也不会得到平等对待。我们会被看作窝囊的、软弱的、无能的。孕妇给人的印象会是，听从了雌激素的召唤，无心回到工作岗位——也就别费劲给她升职了。绝经期的年长女性不会全心全意地工作，因为她夜不能寐、心烦体热，健忘的大脑会影响她的工作表现，而且迟早有一天她会变得很难对付——也别给她升职了。

我认识的一位艺术家最近特别反对这种想法，不过她的做法有点儿让人意外。她的工作本来是要赋予女性力量，但她突然发现其他女性主义者警告她不要多生是非。在一次聚餐会上，朋友问她最近在忙什么，她解释了自己近期在做的项目：一个叫作"看不见的月份"的网络艺术项目[7]，根据 28 天的激素周期和使用花朵的隐喻——出蕾、开花、凋谢，用大胆奇异的视觉方式呈现了雌激素和孕酮水平对女性行为的影响。

访客如果点击"出蕾阶段"的图标，就能看到关于雌激素和孕酮水平的大致信息，以及这样的文字（包括引用的科学文献）："第一周，雌激素水平逐渐攀升，一种幸福的感觉也随之增长。情绪逐渐昂扬，睡眠平稳。女性感觉思路清晰，非常能够集中注意力。"访客如果点开周期中的下一阶段"开花阶段"，就会看到这样的文字："此时女性更容易接受男性。在周期中的排卵阶段，女性更有可能将自己的手机号码告诉公园里走来的任意陌生男性。"（不过现实是，该男性必须相貌英俊。）或者，在"凋谢阶段"："月经期偏头痛会降低工作效率。"

一位朋友惊恐地说："你的意思是说，女性没有自由意志。"另一位朋友补充说："没错！如果你的项目落入错误的人手中可怎么办？比方说，高盛集团的 CEO（首席执行官），他被人说服，相信女性无法当领导。那会怎样呢？"还有人说："你根本就是在说，如果一名女性拒绝了某人的求爱，两周后再问她，她就会同意。"批评的声音源源不断。这位艺术家对人们的反应备感震惊。批评者是一群成功的、受过教育的、思想前卫的人，但这些人似乎在叫她把这件作品撤掉，闭口不提这些问题，别让女性开倒车。

她最初的目的很简单。"我做的作品是一个公共服务项目。"她解释道，这是为了帮助女性——以及男性——了解身体内部的过程对身体外部的影响。[8]她说，作为艺术家，内部／外部的概念长期以来一直令她浮想联翩。"看不见的月份"是她所创建的艺术项目，与此同时，她也用这个项目传递了她认为其他女性想要和愿意接收的信息。但在朋友们看来，她打开了一个性政治的潘多拉之盒。

我懂这种感觉。

○消除性别歧视，不应消除性别差异

刚开始研究激素周期时，我对社会科学的信念是，我们人类有着漂亮的大脑袋和对生拇指，与其他动物朋友全然不同。当然，我们承认了人类在进化上与其他动物的一些重要联系，但说到我们的思想、我们的欲望和我们的性行为时，那可是要划清界限的。我们有想法的时候才会发生性行为——不是听从大自然的召唤而为之的。其他哺乳动物都以繁殖的名义受制于激素的支配。松鼠跑来跑去，像疯了一样，然后跳到对方的背后。我们人呢，是要先交换电话号码的。

你可以说，我的研究是在人类身上寻找兽性，我在整个职业生涯中都在做这事。在某些学术圈或科学分支内部，将人与动物建立联系并不总是讨人喜欢的，因为大家认为，我们人类拥有先进的文化，智力复杂，具有情感和自由意志。数百年来，无数科学家不辞辛劳地确认着人类和动物之间的实质区别。整个研究界和社会自身的建立都围绕着一个核心概念：人性令人类独特、异于动物、更优秀。我们做事情是有自己的理由的，而不是因为我们受到性激素引发的某种化学反应的驱使。我们的行动出于优雅的人性，而非龌龊的动物本能。

但我的实验室得出的发现表明，可育期的女性会寻找最有魅力的男性，这与雌雄灵长目动物、仓鼠和其他很多物种的情况一样。（我会在第五章深入探讨这项研究。）我研究了动物的激素和社会关系，注意到各个物种中存在着一种无法忽视的行为模式：简单说，当雌性动物——猴子、老鼠、猫、狗等——在激素周期中最有可能怀孕时，它们会始终表现出要吸引雄性的样子，而这些雄性保证会为它们带来非常健壮的后代——"健壮"指的是后代能在原始的环境中更好地生存或繁殖。显然每个物种的表现不一样，但我不认为人类完全没有这种可预测的生理现象。

女性一个月只有几天能够受孕，因此人类的生育力脆弱，生育力高峰期短暂。我们为什么不能在这个关键时期做出最好的性选择呢？从2006年起，我开始发表研究，证明实际上女性在"生育力高峰期"的确会改变行为。研究结果包括：女性去俱乐部和派对的动机增强，她们开始注意到"配偶"之外的男性，她们的声音变得更尖和更女性化，她们会穿更漂亮的服装，她们的体味也会更吸引男性。[9]我当时是反对"人类的性行为'脱离'了激素的控制"这一假设的。我提出，女性在生育力高峰期的行为与动物的行为相似——女性的性欲会改变，有外显的迹象展示女性的生育力。因此，女性的生育力并没有被完全隐藏，而是被表现了出来，只是与灵长目动物亲戚相比，我们的表现方式更为有限。

我很快意识到，有些人并不喜欢被提醒人类曾拥有尾巴的事实。有人认为我的研究很极端。对某些人来说，我好像否定了前人对科学的探索，并且在说：你看，我们终究只是一群动物。

不仅极端，而且倒退。有人认为我的研究结果是女性的退步。研究的部分内容登上了《早安美国》的头条新闻，标题是《月经周期会让你更性感吗？》，并由于大受欢迎而遭到了一些人的猛烈攻击。但他们多半忽视了研究更为明确的意思：为了生殖、育儿甚至自身的存活，女性的性行为聪明地发生了进化。但我一指出男女行为之间的差异，就立刻被划到了性别歧视者的阵营。与我的艺术家朋友（或者成果在 CNN 引爆讨论的那位研究者）不同，我受到指责是因为他们认为我提出的理论会将女性边缘化，因为我说女性"受激素左右"。

大约 40 年前，埃德加·伯曼博士出版了一本书，其中有一章的标题是"无趣的脑子大多长在了女人的头颅里"。也是在那个时候，女性正在竭力确立女性主义的主流运动，消除性别差异，即使没有完全否认，也是在淡化男女之间的差异。20 世纪 60 年代末以来，一系列受女性主义启发的科学论文质疑了经前期综合征的存在。（如果你真想逼疯一个女人，就对她说，她的生理和情绪上的不适都不过是她自己的想象。）数十年来，因为平权的关系，强调男女之间的行为差异被当成了不当的做法。开玩笑说男性从不问路是一回事，但我说的是另一回事，我讨论的是性激素对女性大脑的影响。

我的研究冒犯了两个阵营：一个阵营否认我在动物行为与人类行为之间建立的联系，另一个阵营否认我在男性和女性之间划分的界限。我的研究和方法都受到了严格的审查，甚至有人诋毁我，说我的实验室篡改数据。真是离谱。

我很希望这样的争议自行消失，但并没有，我估计它也不会消失。善于提取流行文化的新闻制作人、编辑等喜欢给科学套上性感的包装，吸引大众的关注，只要他们在类似的头条新闻中介绍我和该领域其他人的成果，就必然会招致争议。比如，承蒙厚爱，《纽约邮报》刊登了《春色满园关不住：人类性吸引的激情进化生物学原理》。

不过，可能无法上头条新闻的是我在这里要说的真实信息。通过增加对女性身体和心理机制的认识，女性的权益会得到巩固而非减损，并且我们还有很多需要了解。这是我的主要动力之一。我们需要更多地了解激素对人际关系的影响，包括性关系和恋爱关系，以及我们与朋友和亲人的关系。这些关系决定着女性和男性的整体人类经验。我们也需要更多地了解激素对健康和幸福感的影响。但要想了解更多，我们需要让更多女性进入实验室，而不仅仅是女性科研人员。

○为什么伟哥为男性而研发

几十年来，对癌症等疾病与药效的重要生物医学研究都将男性作为研究的参与者，而女性却大多被排除在外。甚至对于脑卒中这类在女性中更常见也更致命的疾病，曾经都几乎以男性为唯一的研究对象。医生没有诊断女性心脏疾病的足够知识，因为研究都是在男性身上做的。这种情况如今已有了改观，在临床试验中出现了更多的女性和少数群体，但并不足以称之为公平。

实验室中真实存在着显著的性别差距，于是最近美国国立卫生研究院采取措施，要求申请经费的科学家要在动物实验中平等地考量两种性别。经费申请者如果只想研究一种性别，则必须有排除另一性别的"正当理由"。[10] 显然，像卵巢癌或前列腺癌等性别特异性疾病属于例外，但国立卫生研究院的目的明显是要鼓励对疾病和治疗进行更广泛而有益的研究。

如果你不是科研人员，你可能会想，为什么一开始就没有相同数量的雌雄实验鼠。为什么要研究更多的雄性实验鼠呢？是成本的问题吗？还是雌性实验鼠难弄到？实际上有很多原因，也包括彻底的偏见。20世纪的现代医学研究开始严肃地拿动物做实验时，女性及少数族群的健康问题并不是研究重点，科学家也不完全理解两性之间的生理差异。只使用雄性实验对象等研究标准，反映了当时被视为基准的文化偏见。结果，我们对一些疾病的认知，例如产后抑郁症或非裔美国人中的某些高发癌症，落后了好几个世代。

除了偏见，动物实验中不使用雌性还有一个原因。在实际层面，大多数研究者不希望实验中出现无关的变量，而雌性的激素周期有可能带来不便，干扰清晰可辨的模式。一项发表于1923年的研究表明，笼中的雌鼠在发情期会更频繁地上滚轮奔跑，这个阶段是它们容易怀孕的时期。[11] 这项近100年前 ① 的研究证明了一个延续至今的观点：因为发情周期的存在，雌性天生比雄性变数更多。有哪个科学家想要这种麻烦呢？

在科学实验中试图理清因果关系时，可变性确实很让人头疼。回想二年级时丹尼尔森老师的科学课，你和全班每个同学都得到了一颗干豆子，你把它种在盛满泥土的纸杯里，记录小苗在窗台上和衣柜里的不

---

① 本书英文原版首次出版于2018年。——编者注

同生长速率。丹尼尔森老师给了每个人一颗豆子和一纸杯泥土。没人有向日葵种子或其他园艺种子。变量控制得很好。换句话说，没有多余的变量。

对科学家而言，在发情期焦躁不安的雌鼠在滚轮上跑个不停，表明雌性实验对象带来的可变性可能会妨碍一场精心控制的实验。处于发情期的雌性动物太"麻烦"了——这种想法认为，最好全用雄性动物，它们的行为更容易预测，做实验更方便，保证能做出简明而成功的研究。这种想法延续了几十年，实验室在各个方面都由雄性主宰。一份2009年的分析报告表明，生理学领域的雄性与雌性实验动物数量比为3.7∶1，药理学领域为5∶1，神经科学领域为5.5∶1。如果你想弄清楚为什么一种止痛药对男性管用，对女性却没用，你就会发现这些数字所代表的问题。如果你是一名正在忍受痛苦的女性，你尤其会觉得这些数字可恨。

一些科学家反对国立卫生研究院修改后的指导意见，提出有些研究中雄性和雌性动物（或细胞）在实验中几乎没有反应上的差异，或者，反过来说，这种偏见是故意制造的，因为这样会增加研究的深度，突出两性的差异。虽然在某些情况下这些是成立的合理说法，但事实是：很多生理和心理疾病值得在雌性动物身上做更多研究，如抑郁症和性功能障碍，它们实际上可能在女性身上更常出现。如果从实验室的动物研究到临床试验都避开雌性实验对象，那么研究就无法取得成功，也就无法帮助女性。

加州大学洛杉矶分校的整合生物学与生理学教授阿瑟·P.阿诺德博士专门研究两性之间的生理差异。他和他的博士生导师费尔南多·诺特博姆通过研究鸣禽，首次发现某些脑回路中存在着巨大的性别差异。（总体上看，雄鸟的鸣叫比雌鸟更复杂，雄鸟的这种进化是为了让它们与其他雄鸟竞争和吸引雌鸟。阿诺德和诺特博姆发现，雄鸟控制鸣叫的一组细胞比雌鸟的大 5~6 倍。）阿诺德指出，性别差异在很多器官系统中能引发或抑制疾病，而且，与国立卫生研究院新出的指导意见一致，他认为需要研究更多的雌性动物。但阿诺德也反对我之前提到的那些反对意见，那种看法是，我们只要像他的研究那样，指出两性的生理差异，就是在损害女性实现男女平等的能力。

阿诺德称这种观点是"极端女性主义"，认为它会伤害女性，而不是帮助女性。关于性别差异和疾病易感性的研究结果证明，否认两性之间的生理差异，其实会阻碍针对女性的医疗发展。同样，我的研究发现表明，如果我们否认这些差异，那我们在理解女性性行为和健康方面——很可能更多在女性的亲密关系上——也会落后。

比方说，为什么追求性满足的男性得到了名字好记的蓝色小药丸，而女性在多年后才得到了一种治疗"性欲机能减退障碍"（性欲低下）、叫作氟班色林的药物？氟班色林的商品名叫作阿迪依，名字不像伟哥那样响亮，与其说它治疗的是生理问题，不如说它治疗的是心理问题。

男性吃伟哥（或者艾力达，或者西力士），是因为他们想在半个小时之内性交，而药物可以增加流向阴茎的血流量——这一点至关重要。女性吃阿迪依是因为她们本来不想性交，而氟班色林可以减少大脑中的 5-羟色胺，提高多巴胺水平，从而改变女性的性欲。女性必须每晚睡前服用阿迪依，哪怕她的伴侣已经进入快速眼动期、出了城或者没那个心情。阿迪依只对绝经前的女性有效，酒精是严格忌用的，因为酒精会降低血压，造成危险。（不能喝酒可以解释为什么阿迪依的销量据说很低。）

想想看，这就是真实的不平等。

为什么就没有一种"女性伟哥"，而且，为什么我们花了几十年时间才发现避孕药的有害副作用，才知道要调整服用剂量？为什么我们对女性没有更多了解？可能女性的性唤起非常复杂，不仅仅是增加血流量这么简单。但是，当然，我们如果对女性有更多研究，就会有更多了解。即使是现在，生物学家仍然倾向于研究阴茎，而不去研究雌性动物的生殖器。在过去 10 年里，对各个物种的生殖器的形态学研究，有一半只关注雄性。[12] 研究雌性的只有不到 10%。[13] 这并非因为雌性的生殖器无趣。有些水鸟的生殖器如迷宫一般复杂，有着几个闭塞的腹膜鞘突，可以将不如意的雄性的精液分流走。[14] 研究者记录了这种对阴茎的区别对待，总结说，无法对此做出合理的解释——它可能反映了关于男性在性方面的主导地位的假设。[它可能也解释了为什么我们无法确定 G 点（女性的性敏感区）究竟是真实存在的，还是仅仅是空中楼阁。]

事实是，如果女性不在实验室里迎头赶上，那么她们在现实世界中也无法追上。

○解锁答案

数个世代以来，我们对雌性的关系和健康方面的认识一直建立在对雄性的观察之上。在性的领域，雄性求偶、与其他雄性竞争、胃口更大——他们是主导者。雄孔雀会进行精彩的表演，相貌平平的雌孔雀从树丛里冒出来观看。银背大猩猩杀死其他雄性，与多个雌性交配。雄性实验鼠急吼吼地爬到雌鼠背上，雌鼠做出欢迎的本能反应，好让自己受孕。但这种对性的认知过时而有局限性，像纪录片《野性英伦》一般，重复地将雌性塑造成被动的角色，仿佛它们生来就会接受雄性，这种观点并不符合近 10 年来得出的科学结论和事实。

要了解女性的性行为——从欲望到性反应再到生育——我们不能

把重点放在男性的性行为上。我们必须研究女性的行为，而非仅仅研究女性对男性的反应，从而继续探索女性的行为原因。特别是，我们需要更细致地探究激素周期的影响，以及女性的大脑如何进化出了充分利用周期各个阶段的本事。很难判定研究中的偏见如何阻碍了研究女性的健康幸福（包括女性的性行为，尤其是生育力周期的作用）的进展，不过，是时候将老掉牙的态度放在一边，继续前进了。

迎接激素智慧的时刻到了。

CHAPTER 2

Heat
Seekers

发情期：动物研究与
不受激素束缚的女性

这一章讲的是科学家的探寻之旅。探寻的对象是之前在女性性行为和社会行为中一个尚未明确的阶段——一个由激素引导的阶段。为了发现它，我们必须对女性性行为有更全面的改观。

"发情中的雌性"这一短语会让人联想到母猫在邻近街区的小巷中徘徊，大声呼唤兴奋的公猫前来交配，或是水性杨花的女性无法自持，沦为饥渴男性的猎物。

"发情"这个普通的词语代表着生育力周期中最有可能怀孕的一个阶段，其真正含义远非字面意思这么简单。作为人类和其他动物的一种生理现象，它值得好好探索，不能不当回事地把它等同于"本能地想要求欢"。它不是"满足我（然后让我生个孩子）"这么简单。如果想确定激素如何影响了女性的性行为，那么让我们先来仔细看看所谓的"发情期"吧。这个时期正好在卵巢释放卵子之前，这时任何等候的精子都有可能让卵子受精。在人类历史的大部分时间里，我们都在理解发情期除生殖以外的作用，并且我们仍在探究它的秘密。

科学界对发情的看法一直在变，对它的最初认知要追溯到古代。在最早的故事里，适婚的凡人（或女神）出于自己的女性欲望而疯狂地寻找和挽留配偶。无论是神话中的还是现实中的女性，虽然不一定在"发情"，但都被描写成受激素左右的样子：富有魅惑力的夏娃、报复心强的赫拉、狂热的埃及艳后克娄巴特拉七世，以及一大堆现实生活中的红颜祸水、心机女王、女巫、黑寡妇。当时对被解放的女性抱持的是一种几近恐惧的态度，矛盾的是，这一时期的女性往往是受到压抑和毫无权力的。

第二波思潮到来时，正值现代科学越来越受欢迎，一种不那么有威胁感的形象——每个月的激素涌动令其更愿意接受男性追求的被动女性——使疯狂的女性形象黯然失色（但前者没有完全取代后者）。当她的男人敲门时，她会跳起来回应，敞开闺门。这是一种理解雌激素的标准方式，或许认为这不过是为了保证怀孕和延续香火。

最后，发情故事的当代版本是，女性在引导自己的性行为和生育时更为主动。她们不是过去认知里的那种好色又歇斯底里的女性，也不仅仅是及时赢得了男性注意力的生孩子机器。在女性的行为中寻找那些模式不会让我们对女性的真实行为有新认识（在动物研究中往往也会失败）。更为当代的观点能让我们弄清激素与女性性行为之间的真正关系，并理解女性身上类似发情的状态。

○奥斯汀的发情之夜

我曾在得克萨斯大学奥斯汀分校读研。[①] 我学习、工作，并且会在炎热潮湿的夜晚做研究生一般都会做的事：跟其他汗流浃背的研究生一起参加派对，喝冰啤酒。在如此密集的空间里有如此多温暖的身体，大家的气味都有点儿浓重，尤其是他……

我做科研、研究发情期，始于研究生时期，我不仅在实验室里做研究，也会观察一个月中的不同时期自己行为的变化，还会关注我的女性朋友身上的相同规律。我对男性的看法，我对自己的看法，以及我对融入群体的一般兴趣，像其他女性一样，每天都在变。由于我是一个进化论思想者，我并不认为这些变化源于某种女性化的固化形象——变化无常、争强好胜、摇摆不定，并且随着我对科学的深入了解，我对人类与

---

① 美国的研究生包括硕士研究生和博士研究生，此处与后文中作者在得克萨斯大学读博并拿到博士学位不冲突。——编者注

动物亲戚在经验上的相似性产生了浓厚的兴趣。

当时我所知道的是大众认可的常识：人类在激素周期中的可育期不会改变自己的性行为，并且排卵是完全隐秘的。而其他几乎所有的哺乳动物在发情期的行为则完全不同。（女士们不会让生殖器挂在外面，雌狒狒却会把肿胀的生殖器亮出来。）但是，我越思考进化力量对人类的影响，对这个观点就产生了越多的疑问。

进化关乎聪明的生育决定。诚然，人类的进化会倾向于一系列特殊的心理决定，在择偶时会将生育力纳入考量。对于人类和其他动物来说，性行为的益处很大，潜在成本也很高；成功的交配会促成基因的延续，导致成功的择偶决定，而失败通往的则是进化的死胡同。我问自己：我们的大脑究竟为什么进化得对周期中生育力的变化不那么敏感了呢？

这让我回想起在奥斯汀分校的那个晚上，当时我正在思考这个问题。我对那个夜晚记忆犹新。当时我坐在一个朋友身旁，这个朋友超级聪明，喜欢思考，跟我一样也是个达尔文主义者。我猜他是骑自行车来参加派对的，因为他的体味很浓——辛辣，有种松针味，像麝香——平常我有点儿接受不了这种气味。但那天晚上我觉得他的体味很有吸引力，甚至——有可能吗？——很性感。我转头看向他。我以前都没发现他很迷人。平常我觉得他的脸太棱角分明、太大、太阳刚。但不知有什么东西让我对他改变了看法。以前在遇到我最初并不感兴趣的男性时，这样的事也会发生。我会在之后的派对中注意他，心想自己之前为什么没有留意他。

几个月后，一篇论文发表了，就是现在著名的"臭 T 恤实验"，其中部分追踪了女性在激素周期的特定阶段认为男性身上令人着迷的某些特点。[1] 其中的发现有：有生育力的女性更容易被面部对称的男性吸引，气味也会作为线索，将女性引向某些男性。男性身体的对称性是一个重要因素，因为它潜在地说明了遗传物质的强健：女性可以将这名男性高度健康的基因传递给下一代，从而保证后代的存活和后代自身的生殖成功（至少在远古时期的条件下，人类面对生病或受伤的风险，无法享受当地医院的治疗）。[2]

这篇文章让我意识到：并非我没有注意到某些男性，而是我眼里的迷人特点可能会在激素的影响下发生系统性的改变。当时在派对上，我并非简单地同一位散发着异常性感的体味、突然变英俊的男士喝啤酒，而是利用激素智慧嗅出了一个潜在的配偶——如同某些动物那样。这篇论文后来成为探寻发情期故事的关键部分，它首次提供了有力的证据，证明女性可能也有发情期——与我们的非人类亲戚一代代善加利用的那种东西一样。

○发情期：让我们从动物磁性说讲起

或许，难以看清人类与其他动物的发情期之间的相似之处，是因为动物与我们不同，它们的生育力表现得太……明显了（有些动物发情时，外生殖器会出现性唤起、红肿现象，一点儿都不含蓄）。不过，虽然人类与其他动物在行为上差异巨大，但我们若想寻找联系，就一定要理解这种生理现象在各个物种间是如何表现的。（至少，你能学到一些语法知识："发情"可以是名词，如"发情中的雌性"，也可以是形容词，如"她的发情周期"。）

发情期是雌性性行为的一个特殊阶段，是整个发情周期（也被称为激素周期或生育力周期）中的特定部分。为了让卵子有可能与等待的精子结合，完成受精，卵巢会释放卵子。发情期就出现在排卵前。在大鼠、小鼠、狗和其他很多物种中，发情期是雌性动物会交配的唯一时间，这是其他动物与人（以及很多灵长目动物）之间主要的不同之处。[3] 在包括人类在内的几乎所有有发情期的物种中，这是雄性觉得雌性格外有吸引力的时候。[4]

只在发情期交配的雌性在发情周期的其他时间对雄性配偶兴味索然。雌仓鼠将这种时间的严格配置发挥到了极致——你绝不会想到，那可爱的小毛球缩在铺着木屑的舒服角落里，也遵守着这套规则。雌仓鼠是动物界攻击性最强的雌性动物之一。雌仓鼠会残酷地攻击它遇到的任何雄性，抱住雄仓鼠的身体，与其打成一团，快速撕咬雄仓鼠，有时会用后腿突然蹬开对方，嘴里叼着刚从对方身上扯下的一块肉。[5]

但雌仓鼠发情时可就不这样了。当雌仓鼠快要排卵，进入发情期时，它会离开洞穴，留下一条芳香的痕迹让雄仓鼠跟随。雄仓鼠到来后，雌仓鼠迎它入洞，完成交配。不过，一旦完事，雌仓鼠就又变得"六亲不认"起来。它会再次充满攻击性，将雄仓鼠驱逐出门。[6]（宠物店的店主知道，如果运来的仓鼠没有按性别分开，打开仓鼠笼时会看到很多雄仓鼠的尸体——尸体上遍布咬痕。）

愿意交配是一回事，有能力交配则是另一回事。很多物种，包括仓鼠，只在发情期有交配的身体条件。雌仓鼠只有在发情期才会打开阴道。发情期过后，它们会长出一层闭锁的膜（"阴茎力场"的科学名称），这层膜会阻碍雄性的性侵入。（男士们，不行，如果你们不离我远点儿，我就会把你们咬死。）

雌大鼠有一种叫作"脊柱前弯"的反射动作，这个动作受到激素的严格控制；脊柱前弯只发生在发情期，为的是方便雄性完成交配。[7] 当雄大鼠前来交配时，它会摩擦雌大鼠的后腿，雌大鼠将尾巴甩到一边，压下背部，撅起屁股，做出脊柱前弯的动作，让雄大鼠插入（这也是个临床术语，但应该无须解释）。如果没有脊柱前弯，雌大鼠向下的阴道会成为一个技术难题，令雄大鼠难以与雌大鼠交配。

正是激素导致雌性出现了这些变化——不仅有交配的意愿，也有了交配的能力。一次又一次观察到这些模式的科学家开始相信，发情激素与雌性性行为之间存在着直接的联系。

○开放的窗口期

所以，在动物界，很多雌性只会在生育力最高的窗口期交配，这种状态叫作"典型发情期"。在周期中的其他时间，雌性没有动力寻找配偶，并且会拒绝企图交配的雄性。

猴子、猿类——是的，还有人类——实际上会在周期中的任何时间发生性行为。[8] 而即使在灵长目动物中，性行为也会在典型发情期发生得最频繁[9]，不过有人观察到，黑猩猩可能在非可育期更为滥交。（你会在后面读到，人类即使在窗口期没有发生性行为，也会出现类似发情的性欲。）科学家（以及很多非专业人士）观察到，雌性动物发情时，其性行为会发生改变。但社会行为和性行为的变化究竟指的是什么呢？如果我们想真正理解"受激素左右"的女性，那我们该如何解释这些行为呢？

这里有一个简单的答案。初看之下，似乎发情行为——从仓鼠留下气味线索，到女性寻找更有吸引力的男性——代表着雌性对性交的欲望出现了增长。从进化的角度看，这似乎讲得通。发情期是怀孕的黄金时间，因此雌性的大脑中播放着这条快讯——来自性激素的问候：嘿，女士！时机成熟了，交配吧！不要让进化无路可走。让精子与卵子结合，生孩子吧!

这种情境有两个简单的版本。版本一：雌性寻找雄性，招引雄性前来交配。版本二：雌性更为被动。雌性散发有吸引力的化学线索，引诱跃跃欲试的雄性过来，之后只需接受雄性的交配邀请。无论在哪一种情况下，雌性都会得到精子，推动自己的基因传给下一代。圆满完成任务。

而事实过于简单——对动物来说过于简单，对人类来说同样过于简单。我们发现，大脑中某种更为微妙和有趣的东西，导致雌性在发情期扮演更为主动的角色。我们知道，发情期标志着雌性积极交配的时间，但我们发现，雌性过于挑剔，会精心寻找具有某种特征的雄性。

雌性的性行为是有策略意义的。但我们并不总是这么看。

○疯狂女性简史

estrus（发情期）一词的古希腊语起源揭露了对雌性性行为的亘古不变的看法，无论所谈论的雌性是女神、凡人还是动物。在埃斯库罗斯的悲剧《被缚的普罗米修斯》[10] 中，宙斯爱上了一个年轻性感的女子，而他已有妻子——妒忌心重的赫拉。为了不让报复心强的妻子发现让人难以抗拒的性感尤物伊娥，宙斯将自己的情人变成了……一头母牛。（这让人不禁想象，一定有一些寂寞的农民曾试图让人们相信自己的农畜实际上是希腊女神。）当狂怒的赫拉发现丈夫最新的奸情后，她派出了一只牛虻——希腊语叫 oistros，一种骚扰和叮咬牲畜的飞虫。牛虻果真将可怜的伊娥逼疯了，将她逼到离家和宙斯越来越远的地方。oistros 在伊娥身上制造了一种烦躁不安的狂乱，如同人们认为发情会让雌性哺乳动物变得疯狂渴望交配一样。

埃斯库罗斯使用 oistros 一词来描述神经错乱的状态。之后，在《理想国》[11] 中，柏拉图用 oistros 表示"困惑"，而在《奥德赛》[12] 中，荷马则用这个词表示"恐慌"。因此，现代 estrus 一词的词源有神经错乱、疯狂、困惑和恐慌的含义。古希腊人为很多美妙的事情奠定了基础，但他们也传播了一种思想，认为是发情期导致女性出现了毫无逻辑的行为，使她们失去判断力，变得情欲高涨而淫荡。

自从与驯化的猫狗或家养的牲畜一起生活，人类注意到，发情的动物，尤其是处于发情期的雌性动物似乎特别渴望交配。雌性动物发情的概念甚至曾出现在《旧约全书》中。比如，在《耶利米书》中，上帝亲口说："你是野驴，惯在旷野，欲心发动就吸风；起性的时候，谁能使它转去呢？凡寻找它的必不至疲乏，在它的月份必能寻见。"（2：24）[13] 在古时候，女性被认为是难以管束和无法满足的，她们随时准备同任何男性快活一番。这种观念持续存在，一直影响到现代人。

到 18 世纪后期，英语文本在描述动物时经常使用"发情"一词，记录畜牧操作的文字中也会出现这个词。我们知道，发情的奶牛更常叫，会变得躁动不安（同它们古代的祖先伊娥一样）；同样地，发情的猪、绵羊和山羊会更常叫唤，沿着圈棚转悠，仿佛在寻找出口与雄性相会。[14] 发情的猫和狗会在篱笆下扭动，或者越过篱笆，有时长途跋涉寻找配偶。发情的雌猕猴会更为快速地按下铁杆，打开通往雄猕猴笼子的门。[15] 发情的雌大鼠会穿越电网，寻找雄鼠。[16]

这些证据，以及对处于疯狂状态的雌性动物的惯常描述，共同描绘了一幅雌性动物的群像，它们在发情期拨动了激素的开关——可以说，"变得欲火焚身"。一旦开关打开，雌性动物就会按捺不住蠢蠢欲动的欲望，去寻找伴侣——任何伴侣，去交配——跳过篱笆，破门而出，冒着痛苦的风险，不顾一切满足自己的性欲。

不过，还是那句话，动物，包括我们人类自己的行为并非那样简单。随着早期的动物研究者试图解读发情期的行为，处于发情期的雌性会滥交的概念被另一个截然不同的理论代替，这个理论对于雌性动物来说是个 180 度的大转弯：从难以管束到彻底被驯服。

○男孩遇到女孩——而她"欣然接受"

在实验室中观察动物多年后，研究者开始重新思考雌性动物的角色并发问：它们在发情期的性表现会在多大程度上控制它们的行为和生殖过程？

处于发情期的雌性会主动追求雄性，还是会接受雄性的追求？科学家改变了看法，推翻了之前对发情期疯狂雌性的描述。在 20 世纪的大部分时间里，科学家认为雌性在很大程度上是雄性追求下的被动接受者。（虽然他们研究的重点是动物，但在某种程度上，他们的新见解也反映了人类社会的情况——在实验室之外，传统上是男性引导，女性一般是跟随者。）

这种雄性主导的观点部分来自人们对雄性性行为的关注，科学家认为雄性的性行为比雌性的更复杂。20 世纪 60 年代后期，研究性行为的先驱弗兰克·比奇发起研究，结果似乎证明了同样的结论（不过他后来改变了看法）。[17] 他观察到，公猎犬在被阉割后的很长时间内仍能成功地与母狗交配——并非因为它们生育了一窝小崽子（公猎犬已经被阉割了，因此生育是不可能的），而是因为它们也有像在床上吸事后烟那样的阶段。狗成功交配的标志是一种叫作闭锁的现象——公狗的阴茎使双方保持着屁股对屁股的姿势，保证精液充分地从公狗流入母狗的体内。

可以说，公狗与母狗"锁在了一起"，直到这个过程结束。被阉割的猎狗仍然能够做到这件事。

然而，摘除雌性动物的卵巢（从而导致激素分泌的中断）却会让雌性的交配期戛然而止，因为雌性会拒绝雄性的交配邀请。[18]比奇的研究表明雌性的性行为受到了激素的严格控制：开关在发情期打开（若卵巢健全，激素会火力全开），在其他时候则关闭。而雄性不受激素周期的摆布，其行为会更为复杂。

因此，人们曾经认为，发情的雌性只会对雄性的刺激做出回应。[19]当雄性（比如啮齿动物或犬科动物）接近时，雌性如果处在发情期，便会接受交配的邀请。这种被动的雌性形象正好契合了雄性在动物界的主导地位。如果有人赞同这种观点，也是合情合理的：雄性会主动、会引导，而雌性不会。当然，很多人真的相信这是自然的法则，部分原因是，雌性没有像雄性那样得到细致的研究。我们可不要忘记动物研究中的阴茎偏见（第一章）：雌性没有在实验室中得到像雄性那样多的研究，因此科学家对雌性的性行为自然知道得较少。[20]

不过，对于雄性 / 雌性性行为的新理解正在发生日新月异的进步。弗兰克·比奇在观察猎狗发生闭锁前的交配行为之后，也开始重新思考雌性被动行为的理论。[21]

○男孩遇到女孩，第二幕——主动，并非被动

如果在交配的舞会上是雄性主导，那么如何解释比奇在其研究中的一个重要现象呢？他观察到，发情的雌性会设法引诱雄性的追求。如果一只公猎狗被拴在木桩上，无法追逐一只深情款款的母狗，那么母狗

便会失去兴趣，转而去找其他公狗。什么？你不来追我了？那好吧，我只好忘掉你了！比奇认为这或许表明动物择偶时有一条更为普遍的原则。雌性并不是在故作矜持和撩拨，而是在考验雄性。除非你能证明你可以追上我（或者吸引我，或者向我求爱，或者证明你可以做我孩子的好父亲），否则我是不会跟你交配的。这就是证据，证明母狗——哪怕是在发情期——并不是在随便追求公狗。"真命天子"必须足够强壮和健康，要能追上母狗。

　　有趣也或许并不令人意外的是，20 世纪 70 年代和 80 年代，初涉生物学领域的一群年轻女性领军人物研究并推广了"雌性策略选择"的概念。1974 年，心理学家玛莎·麦克林托克在她的论文中提出，虽然我们对野生的大鼠知之甚少，但我们却将关于生殖和生理学的很多知识建立在实验室笼养大鼠的身上。[22] 想象一下，在标准的实验室大鼠的性场面中，会出现标准的雌性被动模式。雄大鼠走上前来，骑在雌大鼠身上，触碰并抓住雌大鼠的后腿。雌大鼠出现脊柱前弯，弓起背，让雄大鼠与其交配。几次交配后，雄大鼠射精了。它休息了一会儿，接着重复了刚才的一轮动作。[23] 在多次骑背和射精后，毫无悬念，雌大鼠怀孕了。因此，在实验室中便得出了"雄性靠近，雌性回应"的结论。啪啪啪，完事了，谢谢您，女士。

　　但是在野外，大鼠之间的交往方式完全不同。在论文中，麦克林托克以及同时代的生物学家玛丽·厄斯金（一位先锋神经科学家，被认为是研究大鼠行为的专家）都指出，本地环境中的雌鼠并不会像在实验室中那样单纯地接受雄鼠的追求。雌鼠一般与多只雌鼠、雄鼠一起生活在蜿蜒的地洞里。想一想这个情境。在实验室，大鼠往往会按性别被分开，它们甚至可能遭到啮齿动物版本的单独监禁。当雄鼠和雌鼠被关在一起时，雌鼠无法选择配偶——它只有接受配置的份儿。如果大鼠的社会结构也像实验室里的基本情况那样，那么大鼠的行为很有可能也会被改变。

在野外，由于雌鼠与雄鼠近距离居住在迷宫般的地洞里，雌鼠有可能接近雄鼠或逃走，也有机会安排自己的性行为，按顺序选择自己愿意交配的雄鼠。[24] 它们不需要住在纯"女生宿舍"，让明炙的灯光照亮自己的一举一动，它们可以有自己的"夜店"，里面有很多黑暗的小角落。它们可以随心所欲。

麦克林托克的研究表明，野生雌鼠在交配前的行为是不一样的。首先，雌鼠会接近自己选择的雄鼠；然后，它会经过雄鼠身边，进一步吸引雄鼠的注意，晃动耳朵，跳跃，奔走。[25] 这与实验室大鼠的性行为极为不同，在实验室中，雄鼠会从雌鼠身后接近它，然后只需跳上它的背。在自然环境中，雌鼠会与不同的雄鼠多次交配，而在一系列交配中，最先和最后射精的雄鼠会繁殖最多的后代。野外的雌鼠似乎在择偶中发挥着积极的作用，决定着哪些雄鼠（第一只和最后一只）会将自己的基因传给后代。这些雄鼠可能占最高的主导地位，这一点与它们后代的健康或未来的繁殖成功也有关系。或许，它们拥有的基因会很容易与雌鼠的基因结合，生出更健康的后代（参见第六章关于主要组织相容性复合体基因的探讨）。实验室笼中的雌鼠在择偶时毫无选择（否则它会跟不止一只雄鼠交配），只能顺从于雄鼠的主动示好——驱走对方可能只会徒然浪费体力，或者会很危险。[26]

同样的雌性策略选择模式反映在更多的近期研究中。研究表明，处于发情期的雌性更喜欢且倾向于追求占主导地位的雄性。在一次实地研究中，意大利生物学家西蒙娜·卡法佐领导团队跟踪了一群生活在罗马街头的野狗。他们发现，发情的母狗会寻找地位高的公狗，更频繁地与它们交配，由此与这些公狗生下更多的狗崽。[27]

因此，发情的哺乳动物，如啮齿动物和犬科动物，比我们曾以为的更懂得辨别。那我们的某些关系最近的灵长目亲戚，比如黑猩猩和红毛猩猩如何呢？虽然证据有点儿矛盾，但似乎它们在发情期更喜欢地位高的雄性，这再次表明雌性在选择让谁做自己孩子的父亲时会施展控制权。彰显肿胀性器官（这个很难忽略的身体表现说明排卵即将发生）的野生雌黑猩猩会不断与地位高的雄性交配，并且交配得比周期中的其他阶段更频繁。[28] 我们无法排除的一点是，在雌黑猩猩的生育力高峰期，雄黑猩猩吓退了竞争对手，发挥了自己的主观能动性，但我也赌这里有雌黑猩猩的主动选择。[29]

处于发情期的雌红毛猩猩也有策略上的性行为，它们同样会青睐雄性首领。占主导地位的雄红毛猩猩不仅块头更大，还有一个显示自己地位的鲜明特点——脸颊边有大块的肉垫，这可能与睾酮水平高有关。[30] 雌红毛猩猩也会与非首领的雄性（肉垫小很多！）交配，但如果雌红毛猩猩处在发情期，那它们几乎只会与脸颊肉多的雄性首领交配。[31] 我再次打赌，雌红毛猩猩是在为自己的后代选父亲，它们喜欢那些松软的大脸。

在南非大狒狒中，性器官肿胀的雌性会遵从"配偶关系"。配偶关系听起来可能很像古老的仪式（维多利亚女王和她深爱的阿尔伯特亲王）① 或法律术语，但其实它是雌性策略性性行为的另一种形式。当有生育力的雌南非大狒狒坐到地位高的雄性身边，为其理毛，几乎只与其交配时，配偶关系便形成了。[32]

还记得第一章里发情的实验鼠，也就是 20 世纪 20 年代在轮子里跑个不停的雌鼠吗？让我们思考一下雌鼠为什么可能是在做无用功。

---

① prince consort（女王的夫婿）中的 consort 是此处"配偶关系"对应的英文单词 consortship 的词根。——编者注

研究最后会表明，人类女性，与其他包括灵长目动物在内的哺乳动物一样，在发情期并不会发疯、发慌、焦躁，有着用不完的性能量。她也不会被动接受性关注，像壁花小姐一样等待男性接近自己。如果身在自己熟悉的环境中，她会自在地活动，为自己的后代选择一位合适的父亲，会主动接近对方。如果这是一场择偶舞会，那么它几乎总是萨迪·霍金斯节舞会。①

在发情期，女性显然会主动向自己挑中的男士求欢。她会考验他，看他是否足够合适，是否值得自己跟随。她对某类男性会表现出偏好。

是她挑中了他。

这才是现实世界中的情况。而回到实验室，情况却（仍旧）不是这样的。至少雌性有滚轮，还能忙活一阵——在其他笼子里的雄性，那些随机地临危受命的男士，也太无聊了。

在这个探讨女性在策略性地实现其欲望的故事中，一如既往地出现了有趣的讽刺。很多年前（1871 年），查尔斯·达尔文就在《人类的由来及性选择》一书中提出了这一点。[33] 达尔文认为，需要用雌性的选择来解释雄性张扬的表现，如雄孔雀的尾巴。达尔文不清楚为何雌性会被雄性的审美打动，但他怀疑并非仅仅因为雄性的多姿多彩。雄性的美丽有更多的内涵，或许是雌性可以传给后代的东西。人类女性或许也是如此。

○如何解释女性？对人类发情期的探究

20 世纪初，生理学家猜测人类也有发情期。毕竟，在实验室内外，

---

① 萨迪·霍金斯节是美国的一个本土节日，舞会上由女生主动挑选男伴。——译者注

雌激素：关于情绪、陪伴与爱

动物界的"发情"比比皆是。但至今为止，他们对交配模式的预测都过于简单，并且大多是失败的。

不过，在 20 世纪中期的科学家看来合理的是，人类身上存在一种类似发情期的状态。那时，科学家已经知道，他们可以通过观察其他动物的周期来理解女性月经周期的生理知识。[34] 其实，大鼠的激素周期与人类的激素周期惊人地相似。[35] 不过，与人不同的是，大鼠可以为我们提供实验的机会。

科学家可以去除或恢复激素，以观察结果。例如，雌激素家族中的雌二醇的水平会在排卵前达到峰值。对大鼠的实验表明，雌二醇在雌性的性反应中起着关键作用：去除雌二醇，就会去除交配和繁殖所必需的脊柱前弯动作；恢复雌二醇，脊柱前弯和相应的性行为就会恢复。考虑到人类与大鼠在生理上的相似性，可以认为人类的行为模式也是这样的情况。

基于这个逻辑，一个似乎大胆的猜想是这样的：女性在生育力最高时会有更多性行为，这时她们的雌二醇水平很高，受孕的概率处于最高峰。周期中的可育期包括排卵当天以及排卵前几天，在这段时间，精子可以在生殖道中等待排卵发生。[36] 对于有典型 28 天月经周期的女性来说，可育的日子大约开始于来月经后的第 8 天。（粗略而言，可育期出现在女性周期的中段。更多关于激素周期的知识，可见第三章"环游月球 28 天：排卵周期的奥秘"。）

20 世纪 60 年代末，研究者开始验证这些猜想，第一次系统性地研究了女性在周期中性交和性高潮的时间。[37] 总共 90 天中，女性被试每天都要填写纸条，并将纸条放到北卡罗来纳大学实验室的汇集箱里。在纸条上，女性被试会写明自己是否有性行为以及是否有性高潮。研究得出了几个结果。第一，一点儿都不令人惊讶，女性的性交次数多于性高潮次数。第二，更值得注意的是，在性交和性高潮的频率上平均出现了两个高峰：一个是在周期的中段，这与发情期基本同时；更神秘的是，另一个高峰是在来月经前。

第三，女性被试的性交和性高潮模式在整个周期中有极大的差异，因此很难从这项前所未有的研究中得出任何确凿的结论。有些女性会在周期中段出现性行为高峰。（这属于典型的发情期吗？把性行为留给生育力窗口期？）有些女性的性行为在整个周期中始终如一，可以说起伏非常平缓。（这能说明她们的感情质量或伴侣质量吗？）在约10年后的第二项研究中，研究者发现周期中出现了大量更为随机的性交和性高潮频率，其引发的问题比得到的答案还要多。

要记得，这些研究出现在20世纪60年代后期和70年代后期，让普通女性放言自己的性交和性高潮频率，即使是以科学的名义，该想法仍然非常新颖大胆。威廉·马斯特斯和弗吉尼亚·约翰逊的研究发现刚刚发布，海伦·格莉·布朗的"《大都会》测试"性调查还没有成为必读读物。（1965年，布朗接手了杂志，她的10月刊封面上印着这样一行字：选对了孩子的父亲，也就选择了孩子的性别。这位未来写出《单身女子与性》一书的作者是预知了尚未被研究者发现的女性策略选择吗？）

后来的研究再次表明，女性在可育期性交更频繁[38]；在某些情况下，频繁的性交完全是女性主动提出的。[39] 在一项研究中，女性在可育期提出进行性行为的频率减少，但女性的"自体性行为"（换种说法就是自慰）增加了。[40] 参与者的情况似乎与研究结果一样参差，很多研究的女性被试数量很少（少至13人）[41]，研究对象虽然兼有已婚和未婚的大学生，但她们无法代表所有的人类女性。因此，女性在周期中性行为的总体变化模式很难被发现。

不过，有一项出色的研究，不仅研究的范围广，得出的结果似乎也很可靠。这项研究有 13 个国家的 2 万多名女性参与。研究结果：可育期女性的性交频率完全没有增长的迹象。[42] 结论：女性的性行为肯定没有受到激素的严格控制。这里出现了人类与其他动物的分歧：人类女性与其他雌性动物不同，她们完全不受激素束缚。

然而，科学很少会让一条结论历久不易。之后又来了一个问题：如果女性的性行为不直接受激素调控，那么她的性欲也是这样的吗？

○或许想法才是关键

约束性行为的因素有很多，包括伴侣配合，以及时间允许。很好的例证：最稳定的一种性行为模式是"周末效应"——情侣和夫妻所完成的约 40% 的性交发生在周末。[43] 与在实验室笼中虚度时光的大鼠不同，人类很忙——上学、上班、照顾自己、照顾孩子，还要忙各种日常琐事。

即使你感受到了激素的催促，在日历上圈出了一个"约会之夜"，要做爱也并不总是那么方便。因此，或许研究类似发情期变化的最佳观测点不是人类的性行为，而是人类对性行为的想法和感觉，按理说，这些受日常生活需求的管束少多了。不过，这样得出的结果也是混杂的。有些研究发现，女性在可育期的性欲更强，也有研究发现性欲高峰出现在月经到来前，或者，仍然没有明确的模式。[44]

我的实验室位于加州大学洛杉矶分校。做研究时，虽然我们用了灵敏的手段长时间追踪女性被试，用激素测试来确认各个周期阶段，但没有证据证明女性在可育期出现了普遍的性欲增强。[45] 而在离我们学校 100 英里① 的海岸上，在我们的姐妹学校加州大学圣巴巴拉分校，我的

---

① 1 英里约为 1.61 千米。——编者注

同事，心理学家詹姆斯·罗尼，也使用了严谨的方法，在实验室中发现了不同的结果：女性在可育期出现了普遍的性欲增强。（有人想，女性被试在汇报自己的性欲情况时，脑子里想的是两款不同的男学生——来自加州大学洛杉矶分校和加州大学圣巴巴拉分校的男学生——会不会影响实验结果……在性欲来袭的日子里，斯文学霸会不如运动达人美味吗？）[46]

虽然我们在动物行为中观察到了这种现象，但女性在可育期更有性动力——无论是在想法上还是在行动上——这一简单的预测并没有受到研究的强烈支持。但是，这是不是说类似发情的状态不存在于人类身上呢？我认为它指的是，我们应该提出另一个问题：女性在周期中出现如此多的行为模式差异，有没有原因？

我认为答案是：有。原因可能是，女性的激素行为有一个深层的策略：我们不会来者不拒。

○继续探寻发情期

表面上，所有的研究结果都可能会引发一个结论，即如果我们要找到受激素影响的人类与其他动物在行为上的相似性，那么人类确实没有发情期。但如果我们找的模式不对呢？如果是这样，那么放弃寻找的研究者未免太草率了。

20世纪70年代初，研究者表明，可育期的女性与在滚轮上奔跑的大鼠一样。[47]第一章中提到，20世纪20年代，科学家确认雌大鼠在发情期最常使用滚轮。女性被试每天佩戴计步器，照常过日子，如此记录3个或更多个完整的排卵周期。实际上，她们的"前进"活动中出现了

3 个高峰。平均而言，女性在周期中期走动更多，这类似大鼠的实验结果，但女性在周期的初期和末期也是如此，这表明人类的模式不完全与大鼠的一致。

但是，这个证明周期中有真正行为变化的证据容易引起争议。这才是值得关注的事情：不一定要在意女性的行为如何改变，是否与大鼠的行为类似，而是要关注女性的行为确实发生了改变，行为的改变确有其因。那么，行为为什么会改变呢？

20 世纪 70 年代的另一项开拓性的研究要求女性被试使用标准的卫生棉条一整夜，用来收集阴道的气味，整个过程要持续 15 个排卵周期。[48] 样本之后会被冷冻，最后用于"闻味环节"。

在这个环节，男女被试都要闻玻璃管里的样本，然后向实验室反馈。在排卵期左右收集的样本得到的评价是"比周期中其他时间收集的样本更有吸引力"。[49] 很多动物都会散发吸引配偶的气味，这些标志着可育期的气味信号在动物界极为常见。（当然，我们不要忘记臭 T 恤的影响力——后面再说。）

这两项调查都为想要继续研究人类发情期的科学家带来了足够的希望。但直到 20 世纪 90 年代末才出现了有关人类发情期的有力证据，其间多年，新兴的进化心理学领域为奠定研究基础贡献了一臂之力。

○突破

对人类社会行为的研究——我们为什么与他人做出某些行为——长期受到一系列指导思想的左右：人类与其他动物天差地别；人类没有（或者只有极少）类似动物的本能；人类的行为全是习得的，因此具有文化特异性。[50] 20 世纪 80 年代，进化心理学家开始质疑这些观点。他们认为，达尔文的进化理论不仅应该被应用在人类的生理学方面，也应该被应用在心理学上——我们的身体固然发生了演化，但我们的大脑以及思维方式和行为也发生了改变。

我们的大脑演化成了解决问题的机器，可以处理祖先们面临的挑战，例如寻找营养丰富的食物，寻找地方居住，当然，还有寻找配偶和生孩子。促进进化心理学发展的一项有趣的观察发现，我们的大脑似乎是为石器时代配置的，不能完全适应现在。例证：人类恐惧的主要是蛇、蜘蛛和其他爬虫，未必是现代世界中那些真正的危险来源。没有人会反复梦到损坏的电源插座、高血糖或者超过限速 10 英里 / 小时的车辆，但这些事情却更有可能伤害我们。因此，远古的遗存似乎锁在了现代人类的脑子里。有人认为，我们需要理解我们的进化遗存才能充分理解我们的思想和行为。

一些进化心理学的早期成果受到了一个理论的启发。该理论的提出者是进化生物学家罗伯特·特里弗斯。他被誉为天才，是对社会进化的现代理解的奠基人之一。特里弗斯的理论被称作"亲代投资理论"，说的是，在生殖方面，两性之间存在基于生理特点的差异。[51]

这种观点的基础是一些简单的经济生理学规律。需要在繁殖后代上投入更多时间和精力，并且在后代数量上受到更多生理限制的性别，在择偶时最挑剔。投入更少且有能力生出更多后代的性别，会为了得到在"生物经济"方面投入多的性别而相互竞争。换种说法：注意喽，女士——选中你了。

在哺乳动物中，很容易就能看出通常雌性投入更多——消耗大量能量排卵（卵子比精子大多了），怀孕，泌乳。而雄性只需要贡献它们的配子——精子（虽然它们经常会贡献很多）。确实，在哺乳动物中，雌性往往是更挑剔的性别。[52] 相比之下，雄性往往是为了争夺异性而争强好胜的性别——它们对配偶也没那么挑三拣四。[53]

将这个理论运用到人类身上[54]——挑剔的女性、没那么讲究的男性——则非常有争议，部分因为它违背了指导人类行为研究的标准假设。（我们跟其他动物不同，还记得吗？）但实际上有大量数据支持这种观点。几十年前，佛罗里达州立大学做了一组臭名昭著的调查。在调查中，男性和女性"同伙"（实验中的共谋者）走到异性大学生身边，说："我在校园里注意到了你。我发现你很有吸引力。"然后他们提出三个问题中的一个（随机分配）：（1）"你愿意今晚跟我约会吗？"（2）"你愿意今晚跟我回我的公寓吗？"（3）"你愿意今晚跟我上床吗？"

结果很惊人。3/4 的男性同意上床，但没有一个女性同意这么做。女性更可能同意去提问者的公寓（一个调查中占 6%，另一个调查中无人同意），而大部分男性也会同意这个建议。在同意约会的提议上，男女一样。所以，女性并不是对提问者不感兴趣，她们只是不太会跟自己从没见过的男人发生性关系。男性可不这样。[55] 这项调查做了多次，结果是相似的，包括近期在丹麦和法国做的调查，这两个地方被认为拥有地球上性解放程度最高的文化。

关于性别差异的一项规模最大的研究包括了来自世界各地的 1 600 多名参与者。这项研究与其他研究一样，参与的男性对"性资源的多样性"更感兴趣。当被问到在未来 30 年想要多少个性伴侣时，各文化中的男性回答的伴侣数量都多过女性回答的数量，一般是女性答案的两倍。[56] 还有很多这样的调查。相较男性，女性在同意发生性关系前，似乎会打听更多对方的信息。[57] 相较女性，男性更渴望得到短期的性机会[58]，更会为了交配机会而竞争[59]，等等。

让我们来看看这些行为模式与人类的发情期有怎样的关系。亲代投资理论假设女性（高投入者）在选择性伴侣时会非常挑剔。因此，认为处于发情期的女性一般会对性更感兴趣，就是因为她们到了发情期，这个想法是有问题的。女性在可育期，在最有可能受孕的时候，追求或接受任意男性，是没道理的。事实是，女性会投入大量精力，她们需要精心挑选伴侣。因此，我们预测，能够为女性成功哺育后代做出贡献的男性才是她们会寻找的伴侣。

在这场追寻之旅中，女性寻找的是什么？一种可能（我们会在第四章深度探讨）是，她们发生了演化，她们要寻找的男性会具有某些特点，这些特点表明他们拥有高质量的基因，例如能为后代带来健壮体质或美貌，让后代也能有机会去争取高质量的配偶的基因。[60]

其中一个特点是左右对称——一个人的两侧要一致。这意味着指导身体发育的基因蓝图在施工过程中没有出很多纰漏，表明身体没有基因变异，能够承受破坏正常发育的熵力（诸如传染病、病痛或身体损伤），也没有哪里不对劲。于是，我们要来看看臭 T 恤调查的基本原理。

○对称、臭味与性感

近 10 年来，新墨西哥大学的心理学家史蒂文·冈杰斯塔德和生物学家兰迪·桑希尔一直在研究男性的对称性与其性行为之间的联系。例如，他们发现，对称性更强的男性会被认为面孔更具吸引力（但这里的结果是不统一的）、性伴侣更多，有趣的是，也被认为更有可能是女性的出轨对象（例如女性自己选择的婚外情对象）。[61]

当然，女性只要打量男性一眼，就能从视觉上分辨出对称性。但大多数并非绝对对称的偏差太微妙，肉眼无法辨认。冈杰斯塔德和桑希尔认为，男性的气味也可以很好地说明其对称性以及潜在的品质（良好的身体条件、良好的基因）。[62] 为什么是气味呢？因为研究表明，在评估潜在配偶时，女性所嗅到的男性体味非常重要——如果他体味不错，他就具有性吸引力；如果他体味很难闻，那这事就黄了。（没错，因此才会存在价值数十亿美元的男性香水产业。）

他们进一步推测，女性或许在受孕概率大的时候更喜欢对称男性的气味——这样她们就能将代表对称体貌特点的基因传递给后代。[63] 以下是他们的发现。

在调查中，为了测算身体的对称性，42 名男性测量了一些部位，如双手手腕的宽度、双耳耳垂的长度、双手手指的长度等。这些男性回家后，用实验室提供的无香洗涤剂洗了自己的床单。他们没有使用人工香氛（包括除臭剂），也没有吃味道强烈的食物，如大蒜或羊肉。他们穿上研究者提供的干净白 T 恤过夜，连穿两晚。穿着白 T 恤的同时，他们不沾烟味和酒精，杜绝性行为，没有跟其他人同床共枕。两个晚上后，他们将 T 恤装在特制的塑料袋里交还给实验室。

在这些男性交还 T 恤一个小时后，52 名女性来到实验室。装在袋中的 T 恤被摆放在台面上，她们要轮流走过去，狠狠吸一口袋子里的气味，并对衣服气味的性感程度打分。出实验室时，她们要汇报自己的月经周期情况，让冈杰斯塔德和桑希尔推算她们处于周期的哪个阶段。

结果是：在高度可育期的女性认为对称男性的气味比不太对称的男性的气味更性感、更迷人。[64]

这个结果令人震惊。冈杰斯塔德和桑希尔所做的预测是非常微妙的。他们记录的现象（如果真实存在）是人们很难察觉到的。如果调查结果是可信的，那么这意味着女性同她们的哺乳动物同胞一样，也倾向于在配偶身上选择可能有助于把优质基因传给后代的特征（在高度可育期尤其如此）。调查结果可以证明，啮齿动物、犬科动物和猴子所表现出的雌性策略选择，也是人类的一种行为。这也意味着，我们需要理解女性性行为的生理作用——尤其是激素的作用。

臭 T 恤实验之后的第二年，研究人员有了一个类似的惊人发现。在那项研究中，相比阴柔的面部特征，在可育期的女性似乎喜欢更阳刚的男性形象（宽下颌，大下巴，整体面部线条更为粗犷），尤其是在要将这些男性当作（短期）性伴侣而非长期配偶时。[65] 还记得那些雌红毛猩猩更喜欢大脸盘的雄性吗？就像雌红毛猩猩会在可育期选择有面部肉垫的雄性一样，或许人类女性在可育期偏好更宽的下颌。[结果证明，女性对阳刚面貌的兴趣比对对称男性气味的兴趣还要复杂，最近有研究者想复制类似的实验，但大致的主题——女性更喜欢阳刚之气（表现为阳刚的行为和阳刚的身体）可能同样适用。] [66]

这两个具有里程碑意义的调查结果引发了很多后续的研究，并在科学界激发了巨大的兴趣。[67] 女性在可育期似乎更喜欢某些男性特征。如今数百项研究表明激素周期影响了女性的身体、大脑、情绪、偏好和人际关系。这些发现同时证实了所有雌性哺乳动物具有的深层的激素相似性以及人类女性特有的性心理。

人类的发情期——一种类似于数千年来在动物身上观察到的发情状态——真的存在。

CHAPTER

3

Around the Moon in Twenty-Eight Days

第三章

环游月球 28 天：
排卵周期的奥秘

无论我们谈论的对象是人类还是动物，其发情周期建立的基础都是按照规律涨落的一些重要激素。

　　与大多数哺乳动物不同，人类女性的月经来潮是周期的一部分——动物中只有灵长目、蝙蝠和象鼩有月经期。但现代人类女性从青春期起就有平均28天的生育力周期，直至绝经，到目前为止，她们排卵（和来月经）的次数超过了其他所有物种——一生中平均大约会有400个周期。远古时期的女性来月经的次数可能会少一些，因为她们很可能在有生育力的大部分时间里都在怀孕或哺乳。但一次又一次的激素波动量仍然是非常壮观的。

　　我们知道，激素变化的这些模式影响着女性的身体和大脑——经前期综合征、痛经、流经血，都不是什么新鲜事。但与其他物种不同，人类女性会"神不知鬼不觉地排卵"：虽然很多物种在隐藏自己排卵的精确时间上可能存在优势，但人类女性在这一点上很可能进化得尤其谨慎。我将会在第六章探讨这种现象的原因，但先在这里做个预告：当我们思考人类早期历史中艰难又残酷的现实时，或许女性祖先在可育期避开不受欢迎的男性和女性劲敌会更为安全，从而减少风险，增加女性自主选择自己后代的父亲的概率。这样看来，隐秘排卵是一种激素智慧的表现。

　　随着周期一天天过去，女性的外貌不会发生剧烈的变化，但女性的身体内部会经历一些巨大的生理改变。我们知道，这些剧烈的激素变化也会对心理造成影响，导致某些行为的改变——包括女性的策略行为，如关于人类发情期的研究所呈现的那样。但在我们继续细数这些行为及其背后的原因时，有必要充分了解身体内部的活动。要理解发情期的行为，就需要理解整个发情周期。那么，既然我们已经聊了不少基本的生理学问题，现在让我们来好好聊聊一些冷门知识吧。

○从里到外解释一下月经周期

"你上次月经是哪天来的？"

这是医疗工作者经常问的一个问题，"上次月经"在医学上甚至有个专门的缩写——LMP。很多女性如果不查日历或者掰手指推算，都无法回答这个问题。不过如今，你只需在智能手机上打开经期跟踪应用程序，就能答出：唔，5月3日！

对周期叫法的注释：月经周期？生育力周期？发情周期？

你会听到人们用各种各样的名词来称呼28天的生育力周期。比如，大多数医生和科学家会把人类的激素周期、卵子的成熟与排出、流经血的开始叫作"月经周期"。这种叫法侧重于每个新周期初始的月经期，这样的方式可以将人类与几乎所有非人类的动物亲戚区别开来。对于一些生物学家来说，"发情周期"是给鸟类（或者至少是给非人类的哺乳动物）以及生殖周期受到激素影响的其他所有非人类物种用的。[1]使用两套术语的问题在于，我们会看不到动物行为和人类行为的共同点。或许是因为这一点，我们才花了这么长时间知道人类存在发情期，并且发情期是理解我们自己和我们的性行为的关键。为了在这一章中保持中立的态度，我只会称之为"排卵周期"。

无论你的姐姐在她自己的新人生阶段对你说了什么，月亮与你的周期除时间长度以外几乎没有关系——月亮的盈亏周期（朔望月）是29

雌激素：关于情绪、陪伴与爱

天半，平均的排卵周期与之相比稍微短一点儿。月亮可能会调节潮起潮落，但不会控制经血流出，你也不一定会在满月之夜更好色——虽然画面确实挺浪漫的。或许如果你想号叫，变身成狼人，你可以责怪月亮操纵了你的激素——脸上瞬间长出来的蓬乱毛发是爆发的睾酮在叫嚣。但除此之外，不——并非月亮在发号施令，发号施令的是你的激素和大脑。

很多激素都影响着排卵周期，但我要说的是其中五种主要的激素。你可以把这些激素想象成分子信使，它们携带着明确的指令在身体中穿行，血液是它们的公路，它们寻找着特定的受体细胞，向对方传达相应的命令。

- 雌激素：核心角色。雌激素在排卵周期中启动了一些重要事件，并调节着其他的激素。雌激素是令女性具有女性特征的主要原因——促使乳房发育和全身体脂囤积（女性曲线），也会导致阴道和子宫内的细胞发生变化。"雌激素"实际上是一个大类，包括三种不同的雌激素（与发情期的促发因素一样）。雌二醇是一种主要激素，会造成发情。其他雌激素对于理解怀孕和绝经很重要，之后我会详述。人们提起雌激素时，通常指的是雌二醇。
- 孕酮：两面派。孕酮与雌激素合作紧密，但它有高峰和低谷。孕酮会帮助子宫为怀孕做好准备，它还有一份兼职：它可以让精子在非可育期难以通过宫颈，不让精子进入女性身体的深处，因为精子可能会带来伤害（比如携带疾病）。
- 促卵泡激素（FSH）："促"是关键字。促卵泡激素的职责之一是促进卵泡中的卵子成熟。
- 黄体生成素（LH）：蹦极选手。排卵需要黄体生成素，它会在周期的中期飙升，达到峰值才能发挥作用。如果你想怀孕，去药房买来测排卵工具（你很可能需要把尿滴在所谓的排卵棒上），你要寻找黄体生成素水平急速上升的指示。一旦发现了，平均一两天后，你就会排卵。

- 促性腺激素释放激素（GnRH）：舞台监督。想象一下促性腺激素释放激素执行指令并在大脑和卵巢之间交涉的样子。（还有 5 分钟拉幕！这不是排练，伙计们——这是部 28 天的剧作，28 天后我们要再来一遍！）

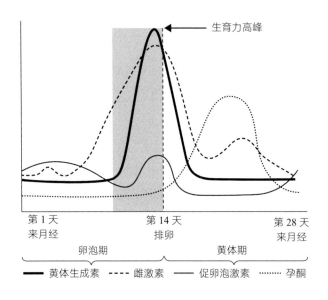

图 3.1　这幅图大致表现了排卵周期中的两个阶段和时间以及特定激素的涨落。注意：有些女性的周期长得多或短得多，28 天只是平均周期长度，月经期的平均天数是 5~7 天。由于大多数女性的月经周期属于 28 天的范围，所以周期通常以平均值来考量

排卵周期一般被描述为有两个不同的阶段——始于第 1 天（月经期的第 1 天）的卵泡期，以及从排卵日（假设周期是 28 天，排卵日大约在第 14 或 15 天）到第 28 天的黄体期。由于从上个周期结束后，雌激

素和孕酮水平一直处于低位（持续至月经期），促卵泡激素会接班，让这场激素派对再次热闹起来，黄体生成素也会短暂地加入。招呼腺体们过来吧——舞会开始了。

·卵泡期——从第 1 天到第 14 天

大脑中的下丘脑控制着附近的垂体腺（由垂体前叶和垂体后叶组成）。从激素的角度看，这两个器官会合作，从而发挥作用。

杏仁大小的下丘脑释放促性腺激素释放激素。促性腺激素释放激素行动起来，指示垂体前叶分泌促卵泡激素（和一点点黄体生成素，之后会分泌更多）。神奇的是，促性腺激素释放激素的释放时间掐得特别准——在卵泡期早期每 90 分钟释放一次，随着周期的推进，会释放得稍微频繁一点儿，很有规律。如果目标是怀孕，那么这种准时会使促卵泡激素和黄体生成素很好地履行自己的职责。如果某种原因导致规律偏离，例如营养不良、疾病、使用人造激素或压力过大[2]，那么这套系统可能会失效。

促卵泡激素进入血液后，一路向"南"，到达卵巢，也就是它发挥"促"这一作用的地点。它会刺激一侧卵巢内多个卵泡中的卵子生长。（可能会是左卵巢，也可能会是右卵巢；或许身体就是这样调节内部的工作量的——只有大自然母亲知道选择哪一侧。）一批各就各位的卵子受到了促卵泡激素的影响，开始发育，但只有一枚幸运的卵子会充分成熟，晋级到下一轮比赛；剩下的卵子注定会萎缩并死亡。但这是后话了……

随着卵巢中的卵泡逐渐发育成熟，它开始分泌雌激素。生龙活虎的雌激素干起活儿来，使子宫内膜细胞增厚，为接受一枚成熟的受精卵做好准备。随着排卵期的临近，雌激素也会向大脑请求后援。雌激素向下丘脑发出信号，下丘脑会释放更多促性腺激素释放激素。

促性腺激素释放激素指示垂体后叶赶制一大批黄体生成素。在此之前，促卵泡激素正忙着照料卵泡，而黄体生成素受指示按兵不动。黄体生成素的好戏要登场了，因为黄体生成素主要负责下一个活动——排卵。排卵发生在整个周期的中期，大约是第 14 天。

卵泡期后期——就在卵子排出之前——标志着周期中最高生育力阶段的开始，并且只会持续几天而已。

·黄体期：第 15 天（左右）到第 28 天

随着排卵日的临近，黄体生成素水平在短时间内急剧攀升，导致更多雌激素生成，而雌激素又导致更多黄体生成素的释放。这些激素与稳定量的促卵泡激素一起触发了接下来的大变化——卵泡破裂，释放一枚已经成熟的卵子（记住，只有一枚卵子会离开卵巢，极少的例外情况会产生一对卵子；剩下的卵子会萎缩并死亡）。卵子动身迎接自己的"真命天子"（或者不会——稍后我会详谈），而空出的卵泡变成了黄体。[3]

黄体的工作是不断释放孕酮，并且再补充一点儿雌激素。为什么呢？因为这些激素可以使子宫内膜增厚，营养丰富的血液会刺激内膜细胞变得饱满，为受精卵做好准备。

再回来说说那枚唯一的卵子——它离开卵巢，通过输卵管一路来到子宫。它来到了生殖的岔路口，可能会出现两种情况。

如果卵子遇到了"真命天子"——一枚够格的精子，那么好戏来了：在输卵管最宽敞的部位会发生受精。由于精子在人体内最多存活 5 天，因此排卵前性交仍可能导致怀孕。不过，卵子需要在 24 个小时内受精。若卵子受精成功，受精卵在完全离开输卵管后，会钻进子宫壁。子宫壁是胚胎发育的场所。9个月后（实际上有一点点接近10个月——医生没有告诉我们全部真相！），开奖，闭幕。怀孕期间，雌激素和孕酮会不断产生，而促卵泡激素和黄体生成素会受到抑制，使得怀孕期间不会排卵。（我会在第七章探讨更多关于怀孕的问题。）

如果卵子没有经历一场扭转乾坤的邂逅，那么当它到达子宫时，它会打开灯，让大家都出去——激素舞会结束了。增厚的子宫内膜没有用武之地，在月经期会剥落。月经期的第一天被认为是下一个激素周期的第一天。多种激素忙活到现在，雌激素、孕酮、促卵泡激素和黄体生成素的水平开始降低并趋于平缓——然后另一个周期开始了。

月经同步的谬论

"月经同步"是个很流行的概念，起源于一项广泛流传的研究，研究的是大量大学宿舍女生的排卵周期。[4] 这个概念出现在所有女性的杂志、宿舍和睡衣派对中。"天哪！我也来月经了！"男性开始相信自己的妻子和十几岁女儿的排卵周期是一样的，并利用这个理由延长自己的钓鱼旅行时间。女孩和成年女性都放心地认为，即使自己没有卫生棉条或卫生巾，室友那里也肯定有备用的。

其实这种绝对的激素同步并不属实。更严谨的近期研究并没有发现住在一起的女性会出现经期同步[5]，出现这样的误解，部分可能是因为周期长度的多变性。我们先来看看为什么这种现象从一开始就不大合理。月经同步并不只是指女性同时来月经，它指的是女性的排卵周期中的所有阶段都一致，在性行为和择偶行为上产生的结果也一致。

如果同住的女性周期同步了，那么她们会在同样的时间处于生育力的高峰。想一想这会对远古时期的女性造成什么样的影响：那些没有稳定伴侣或中意伴侣的女性会被迫在同一时间争抢同样的男性。更重要的是，月经同步有什么好处呢？这背后的生理学很复杂，在新陈代谢（和生殖）方面代价极大。女性得先查明自己的密友和家人处在周期中的哪个阶段，然后调整自己的激素周期——缩短自己的卵泡期（让卵子没有足够的时间发育成熟），或者匆匆结束黄体期（让子宫没有足够的时间接受受精卵，或者拒绝来到子宫着床的受精卵）。如果所有的女性月经同步，那么外人会更容易察觉可育期，而女性隐藏自己生育力的迹象又是合理的。简而言之，人类女性为何会使用如此复杂的策略并拥有如此代价高昂的隐秘生理机能的合理进化论依据是不存在的。（或许排卵更外显的某些物种的月经同步有理论依据。哪怕是最难缠的雄性也无法同时控制所有有生育力的雌性，因此月经同步可以让雌性在为后代选择父亲时有更多选择。[6]）

之所以很容易认为人类中存在月经同步，是因为一群女性中的"正常"周期很容易部分重叠，并且看上去交会在同一时间。让我们想象一下，有4名女性住在同一所公寓中。室友A的排卵周期是28天；室友B的排卵周期是32天；室友C的排卵周期是25天；室友D从来不关注这种事，也从来记不住哪天该交房租，而其实每个月交房租都是在相同的时间。A大约在第14天排卵，B大约在第16天，C在第12或13天，D

说不准。她们四个的周期都很规律，但有人流经血两三天，有人流经血近一个星期。A 的月经期的第 3 天（也是最后一天）正好是 B 的第 1 天，也是 C 来月经的前一天。同时，D 相信自己任何一天都可能会来月经。

你明白这是怎么回事了吗？周期中的各个阶段在某个时间会不可避免地交叉。另外，女性的排卵周期从一开始差异越大，就越容易有同步的表象。大家的月经期只会朝着一个方向去：更近——但只是碰巧而已。（这种现象叫作回归均值，统计学家很熟悉，它可以解释各种虚幻的假象，比如当经济触底时，某个新政或领导似乎能让经济起死回生。）

没有可靠的证据表明住得很近的女性会出现激素活动的同步，也没有很好的理由能解释我们为什么会进化成这样。如果你听到一位丈夫、父亲或兄弟抱怨家里所有的女性同时表现出"受激素左右"的样子（并且都霸占着厕所），你可以很有把握地说，女性真正能一起同步的活动是集体骑自行车[1]（或者只是碰巧同时来了月经）。

○女性策略行为的 28 天

对于大多数健康女性来说，每个月正常周期中激素活动的波动都是可以预测的，当然，如果怀孕，则会发生剧烈的改变。最终，随着围绝

---

[1] 英文中的 cycle 既指骑自行车，又指周期。这里是双关。——译者注

经期和绝经期的临近，周期会被岁月改变，影响正常激素的分泌类型和分泌量。

除了身体内部的变化，有大量资料表明，女性的外部行为也会在周期中发生改变。人类的排卵是隐秘的（一般是这样的，见第六章），但排卵前、中、后的某些行为可能是外显的。或许激素行为最有名的表征就是经前期综合征。经前期综合征在 20 世纪 80 年代以前并没有被广泛当作"一个话题"讨论，80 年代后才越来越被医学界（以及成堆的女性杂志）承认是一种真实存在的病症，值得研究有效的治疗方案。"我们错了，女士——它不是你凭脑子想出来的，它也存在于你的卵巢中。"（实际上，科学家在此之前已经研究了几十年经前期综合征的症状，20世纪 50 年代第一次称之为真正的"综合征"。[7]）

虽然周期中涉及多种激素，但我们主要讨论对外部行为影响最大的两种——雌激素和孕酮。这两种激素掌控着周期中的很多运作，接近月经期时，它们的活动逐渐接近结束。在探讨过雌激素和孕酮的作用后，我们将看看在月经前和月经期，当雌激素和孕酮水平开始下降时，会发生什么。

·雌激素：曲线与竞争

雌激素是激素中的"铁娘子"，是女性发动机的燃料。在排卵周期的前半程，即排卵前的卵泡期，雌激素水平会达到最高峰。但有证据表明，任何水平的雌激素都与外表吸引力、性动机和竞争性相关。

雌激素水平高的女性，尤其在雌激素水平达到峰值时，通常被人们认为面部特征更具吸引力。[8] 在一项研究中，研究者使用了 59 名女性的照片。这些女性每周都被拍照，连续拍 4~6 周，同时她们的激素水平也受到监测，最后制作出 2 张合成照片。研究者利用数码照片叠加技术和数学公式，制作了一张雌激素水平高的照片和一张雌激素水平低的照片。一组人（其中男女兼有）被要求选出他们认为最有吸引力的脸（明确要求选择"有女人味、有魅力、健康"的脸），他们选择的是雌激素水平高的脸部照片。

（*a*）　　　　　　　　　　　　（*b*）

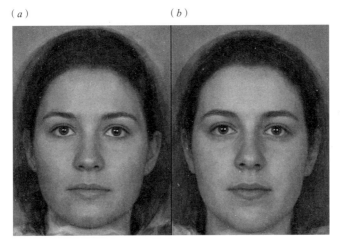

图 3.2　雌激素水平高（左）与雌激素水平低（右）的女性脸部合成照片

　　雌激素水平较高的女性也觉得自己比雌激素水平较低的女性更有吸引力。[9]（如果你看过电影《贱女孩》——电影里的镜子可算是最佳女配角——你会看到少女们雌激素爆棚的样子。）雌激素是女性乳房发育以及臀部囤积了比男性更多的体脂的原因。女性经典的沙漏形身材、特有的大胸和细腰，是高水平雌激素的杰作，科学家已经证明，这种体形的女性具有所谓的"较高生育潜力"。[10] 设想男性会被沙漏形身材的女性吸引，并且考虑到这些女性有较高的雌激素水平，那么她们怀孕的概率可能会更大一些。（当然，很多男性喜欢的体形不止一种，也不是所有胸大腰细的女性都想怀孕或者会成功怀孕。相应的事实是，即便曲线不能完全代表女性的真实生育能力，雌激素仍是塑造身体曲线的原因。）

这些将雌激素与吸引力联系起来的调查发现很有道理。我们知道，女生青春期的很多变化都是雌激素激增导致的。她们的脸会变得更加成熟、更有女人味，身体亦是如此。旁人认为由雌激素引发的变化很有吸引力，很可能是因为这些变化象征着性成熟和潜在的生育力。因此，在我们的祖先中，不在意这些特征的男性生下的后代很可能不如注意到这些特征的男性的后代多；同样，对于女性祖先，在穿衣镜尚未发明的年代，拥有竞争意识仍非常重要。

雌激素的总体水平也与交配及择偶的动机相关。一项研究显示，雌激素水平较高的女性偏向选择睾酮水平较高的男性面容。[11] 这点很重要，因为这意味着有生育力的女性潜在倾向于寻找基因良好的男性（或至少是祖先基因良好的男性）。（第二章中描述的臭 T 恤研究与这些发现有相似性。）雌激素水平高的女性也称，她们更能接受身体出轨，对伴侣也稍微没有那么忠诚。[12] 这可能是因为她们认为她们的性资源比其他女性的更好，所以她们有更大的尝试性资源的权力——或许这种想法没错。

较高的雌激素水平也与较高的竞争性[13]和可能较低的恐惧感相关。[14]这些发现可以反映与排卵周期相关的变化，正是排卵周期让女性更有意争取最好的性资源——而如果女性一般雌激素水平较高，这些变化也正好会令女性更有竞争力。

当雌激素水平在排卵周期中达到峰值时，以及当女性的生育力鼎盛时，她们活动得更多——第二章的计步调查提到，女性在排卵周期中期走动更多。[15] 好像幽闭恐惧症发作一样，高水平的雌激素开始发挥作用，女性需要出门转一转。有趣的是，身体活动增加的同时出现了另一个行为变化：在生育力高峰期，女性的性欲会上涨，而能量消耗会下降。[16] 有生育力的女性不是出去吃午饭，而是会长时间行走，很可能是去查看自己的交配区域（我在第五章会对这个话题做更多探讨）。

为什么我们会用一种行为（漫步）代替另一种行为（吃饭）？是老天终于给了我们一种轻松的减肥方式吗？（5 天雌激素计划！边排卵边减肥！）这里有没有什么策略行为呢？

女性在一天中的时间有限。有生育力时，我们选择保持活跃，准备交配；没有生育力时，我们架起腿，疯狂看剧，吃零食。似乎有生育力时交配的动机胜过了进食的动机——或许高水平雌激素的问候也伴随着低水平孕酮的到来。我们如此分配精力是一种策略，我将在之后的章节中说明。

因此，雌激素水平高的女性更有吸引力，会考量自己的性资源，更有竞争力，忧虑更少，会优先满足自己的某些需求。

想象一下雌激素的波动会带来哪些变化吧。

·孕酮：保护，防御，两面派

孕酮是雌激素的忠实伙伴，它的浓度会逐渐增长，在排卵周期的后半程即黄体期达到峰值。人们对孕酮的认知还在不断深化，有一个著名的理论是这样的：当孕酮达到一定水平时，女性的免疫力会受到抑制，矛盾的是，它也能降低女性患病的风险。这些由孕酮驱动的生理过程发生在身体内部，但它们也会影响女性的外部行为，后文将会提到。

我们都知道，我们的身体生来会抵御入侵者——无论入侵者是感冒病毒，还是随生锈的钉子而来的可恶微生物。假设我们是健康的，我们的免疫系统天生会开战，召集抗体大军去进攻和击败潜在的感染。因此，一个试图钻进子宫壁的外来物体在其他情况下会被免疫系统识别为敌人，需要被铲除。（想想身体会如何排斥移植器官吧。）

但在黄体期，孕酮能够扭转这样的反应。当子宫的入侵者实际上是一枚最终会发育成胎儿的囊胚（已经开始细胞分裂的受精卵）时，孕酮会阻止免疫系统发动攻击，让囊胚在子宫内安全着床。[17] 孕酮命令免疫大军撤退，人类的繁殖才有了可能性。

伴随着对胚胎的容忍度的增加，感染以及慢性感染恶化的风险也会上升。[18] 而这时孕酮表现出自己两面派中好的一面：它会幸运地降低患病风险，这类疾病的特点是出现极不正常的高免疫反应，例如过度的发炎。[19]（正常的发炎是一种重要的免疫反应，比如被割破的皮肤周围会隆起、发红，或者扭伤的脚踝会肿起来。）

拿类风湿关节炎举例，过度的发炎反应会引发痛苦的关节肿大，最终损伤骨头和软骨。患有类风湿关节炎的孕妇反映，怀孕时自己的痛苦和症状都减轻不少。过度发炎反应似乎受到了高水平孕酮的抑制。孕期孕酮水平居高不下，在这种情况下，它对孕妇有着有益于健康的保护作用，为了防止出现妊娠时的排异，她的免疫系统被关闭了。免疫抑制与疾病风险之间的平衡问题启发了我的同事、加州大学洛杉矶分校的人类学家丹尼尔·费斯勒，他提出了"代偿性行为预防"假说。[20]

这个假说认为，孕酮水平升高会导致女性（无论怀孕与否）特别留意疾病的来源，比如带菌的他人，因为顺利妊娠需要孕酮抑制免疫系统。在一项研究中，处于周期中高孕酮水平阶段的女性更喜欢健康个体的脸部合成照片，不喜欢不健康个体的脸部合成照片，她们对两者的态度差异远大于低孕酮水平阶段的女性的反应。[21]（还有，她们并没有被要求在巅峰状态的奥运会运动员和狂欢的僵尸之间做选择哦。）在图3.3中，左边显示的都是健康的脸部，似乎不如右边那些脾气暴躁，左边的肤色也更均匀干净。

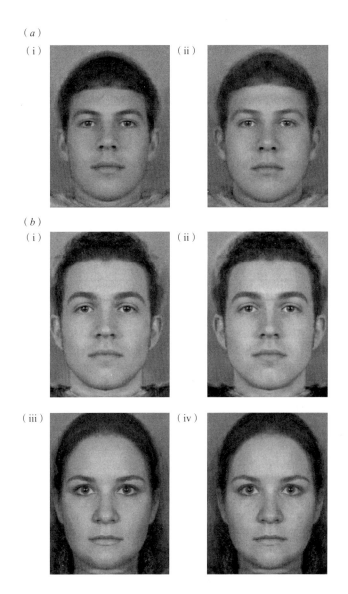

图 3.3 健康个体（左）和不健康个体（右）的脸部合成照片

费斯勒的研究[22]表明，唾液中孕酮水平较高的女性更厌恶令人作呕的画面，因为这种画面隐含着疾病的传播（皮肤损伤、脏毛巾、寄生虫，甚至是乘坐拥挤地铁的人们）。另外，她们如果觉得自己接触过病菌，就会更容易出现与污染相关的强迫行为，如洗手。类似地，她们更容易抠皮肤（痂）或揉眼睛。虽然这听上去像是会传播疾病的行为，但实际上这种行为被称作"清除寄生虫"，是一种自我清洁的方式，可以消灭皮肤表面的寄生虫，不让它们进入自己的身体——跟狒狒之间一连好几个小时为对方做的事没什么两样。

虽然这只是初步的证据，并且颇有争议，但孕酮似乎也会影响人际关系。尤其是在怀孕期间，随着孕酮水平的不断升高（与非孕期的排卵周期相反——非孕期孕酮水平会陡然下降），女性可能会对社会关系的质量格外敏感，因为在我们的进化历史中，女性是需要社会关系的帮助的（如今同样如此）。孕酮似乎与在用电脑识别情绪的任务中对面部情绪做更快的分类，以及对面部表情予以更多关注有关联。[23]高孕酮水平的女性可能会将整个房间里的人看得通透，排除那些敌友不明的人，决定信任谁、避开谁。

根据相关说法，当女性（在实验室环境中）经历社交排挤时，会显示孕酮水平相应升高。[24]孕酮水平的升高可能有助于建立社会关系。孕酮与女性的"交往动机"相关[25]，或者更简单地说，孕酮跟渴望与人交往和与人为善相关。

孕酮也会令情绪变得平稳。给人类和啮齿动物使用四氢孕酮（孕酮转化成的一种刺激神经的分子）后会产生镇定效果。[26]甚至有初步的证据表明，孕酮会缓解某些严重的心理问题，例如自杀意念[27]，也能改善情绪，减轻严重的经前期综合征症状。[28]

如果你的孕酮水平高，你会更容易对某些人感到厌恶（也不太能容忍有病菌的情况，如肮脏的公共卫生间），但你会试图与他人建立联结。你的免疫系统虽然受到了抑制，但你会采取措施避免患病。你也会感到更平和（如果你别无选择，必须使用难闻的公共卫生间，这倒是件好事）。孕酮真的像上面说的这样吗？我希望能看到更多确定的研究，但我觉得这些说法都很有意思。

○经前期综合征：经期的策略，并非综合征

雌激素水平会在卵泡期末尾，即排卵前，开始下降，而随着雌激素的减少，孕酮水平开始攀升。孕酮水平会在黄体期中期达到峰值，然后在月经期开始前急转直下。

在最后的这一阶段——排卵周期的最后几天，来月经的前几天——经前期综合征可能会造访。如果孕酮与轻松和友好的感觉有关，那么很可能经前期综合征的症状实际是因为孕酮的"撤退"。

20世纪50年代中期，英国医生和研究者凯塔琳娜·多尔顿（与同事雷蒙德·格林医生一起）发明了"经前期综合征"一词，将低孕酮水平和经前的不适建立了强关联。[29] 她对激素和行为的理解（后来影响了女性的医疗保健）来自她对自己的排卵周期的亲身观察：多尔顿注意到，月经前令自己痛苦不已的偏头痛在她怀孕时完全消失了：怀孕时，充斥整个身体的孕酮可以保证胎儿发育和母亲健康的各个方面。当正常排卵周期快结束时，孕酮水平达到最低，通过女性所熟悉的经前期综合征的症状来影响女性的行为。多尔顿因为将经前期综合征拔高为具有生理——不仅仅是心理——症状的正式医学疾病而受到了广泛的认可。有人不认同她的理论，但她仍在世界上第一家经前期综合征诊所（由她创办）里使用孕酮成功地

治疗了大量病人。她也对产后抑郁症和孕酮水平之间的关联很有兴趣。

再说回经前期综合征，它存在的原因可能会令你惊讶。

随着青春期的到来，女孩（男孩也是）会体验到从未充分感受过的激素波浪，她们会像第一次冲浪的人那样经常失控摔倒。除了"正常"的情绪波动，还有经前期综合征。对于我来说，经前期综合征包括跟我可爱的妹妹争吵，想把所有不友善的女生从地球表面炸飞，还有折磨我那有耐心的母亲。（我告诉母亲我正在研究激素，她会心地笑着说："我不觉得惊讶。"她知道，我的研究经常是"在研究我自己"。）那时候我心绪不宁，而且不太合群。但与大多数长成女人的女孩一样，当我明白了每个排卵周期会出现什么时，并且随着我逐渐成熟，更了解自己，情况好多了。

经前期综合征曾经被无所谓地当作一种模糊而"麻烦"的女性疾病（被划分到与"癔症"同类），但它却是真实存在的。我们已经取得了很大的进步，过去，经前期综合征只被看成"她在受激素左右"的又一例证。妇科医生和女性健康的其他专家如今可以提供治疗、支持和资源。

据估计，约85%的女性会有某种形式的经前期综合征。哪怕只有一两种症状，也会带来一些难受的日子：情绪躁郁，偶尔会暴怒，皮肤出状况，头痛，腹部和乳房痛，身体浮肿，恶心，严重口渴……与经前期综合征相关的心理和生理症状以及随之出现的行为有一长串的记录，其中很多都可能被描述为"反社会的"。

在周期中生育力最高的阶段，雌激素水平在增长，可以从进化的角度去理解这时相关的女性行为：我们知道，那些是求偶行为。但经前期综合征行为似乎恰好相反：这些与孕酮水平下降相关的症状，例如身体不适、反社会的情绪、易怒，甚至缺乏性欲，似乎将女性孤立起来，仿佛有什么不对劲似的。但或许这种行为实际上是有策略意义的。经前期综合征可能像是自然在女性和某些男性之间敲进的一块楔子，尤其是当生育计划因下一次月经的到来而遭遇挫败时。

有经前期综合征的女性经常会发现自己在来月经前特别容易被配偶或稳定的男友惹毛。"让我一个人待着。"那个平时忠诚的好男友或好丈夫突然之间变得真烦人。"请你别吹口哨了好吗？"即使他做了一半的家务，照顾了孩子，他也不合格。"自动洗碗机里的盘子不是那么摆的。"我们的女性祖先虽然不需要提醒伴侣把马桶座圈放下来，但她们的确有实际的理由认为自己不值得为某些男性生孩子。

这里存在进化的逻辑：如果远古时期的一名女性与同一名男性经常发生性关系，几个周期后没有怀孕，那么或许他是不育的，或者他们俩在基因上彼此不相容。（不育可能是女性的问题，也可能是男性伴侣的问题，或者原因很神秘——表明或许有些夫妻彼此不匹配。）这样过了几个月，随着女性月经的临近和到来，她很有理由最终抛弃他，去寻找其他人选。在现代，一名女性的伴侣不是每次性交都会令她怀孕（谢天谢地），因此当月经临近时，这个平时还可以的伴侣可能会变得令人难以容忍。与经前期综合征相关的反社会行为进化出来可能是为了躲避那些无益于繁殖的男性——无法带来猎物或者后代的家伙。[30]（为什么经前期综合征也会影响我们和其他女性的关系呢？可能是因为迁怒。这是我暂时能想到的最佳解释，但我觉得这个解释也不完全令人满意。研究还需要更多证据。）

虽然经前期综合征让日子不那么好过，但它可能确实存在一种目的。对于每个月都要经历一次的人来说，幸好它只持续几天，一旦月经来了，最糟糕的症状一般就会消失。知道这一点多少有点儿令人感到宽慰。当然，痛经和经血并不是每个人对"宽慰"的定义，猜猜怎么着？月经期也有它的目的。

○月经期，月经

尽管月经期实际标志着排卵周期的开始，但当激素水平再次逐渐爬升时，我们往往会认为它是一种结束。或许是因为无论目标是不是怀孕，我们往往都会想到生育力。

如果你有性行为并试图怀孕，那么在你快来月经的时候就会有月经是否会来的悬念。如果月经来了，你会很失望，虽然你可以很快再次尝试，但那时候确实像是某种终结。而如果你想要避孕，但没有做好防护措施，那么月经来时你会如释重负，心里的大石头终于落下了，好像在说："吁……终于结束了，太高兴了。"因此，虽然医学认为月经期的第 1 天是新周期的开始，但它确实挺像是一种结束。（另外，谁愿意用……一盒洁白的卫生棉条代表一个崭新的开始呢？）

主要激素的水平在周期的其他阶段或升或降，而在月经期，它们相当稳定且处于较低水平。月经期持续 3~5 天不等，短至 2 天，长至 7 天——提醒一下，不是每个人都有 28 天的"正常"周期。月经期长度的不同基于很多因素，包括年龄。一个 14 岁女孩的周期可能会比 20 多岁或 30 多岁女人的周期更长、更不规律，因为周期会随着女性的成熟而缩短和变得更有规律（并且会随着绝经期的临近而再次变得不规律）。

周期长度因人而异很可能没有得到应有的关注，这或许可以解释一些女性为什么会遇到生育力问题。如果女性有健康的周期，如 21 天、35 天，甚至更长，那么她们就不适合面向大众的生育力建议所参考的 28 天标准。一名有生育力的女性可能不会在第 14 天排卵，而是可能在第 10 天或第 18 天排卵。如果是这种情况，所有的造人计划都会泡汤（如安全期避孕法的那些"自然"避孕方式也都会没用）。因此，清楚自己的周期长度，并知道周期长度可能因人而异，是非常重要的。我们会

雌激素：关于情绪、陪伴与爱

在第七章，尤其是"如何不费吹灰之力地成功生娃"一节继续讨论生育力和避孕的问题，而对激素的误解会让这两件事出纰漏。

免费的卫生棉！

发情期有成本，亦有好处，这是个与进化中的大多数事物一样平衡的人类等式——但说到关于女性的一项事实时，成本的一栏会明显发生倾斜：月经的成本。如果一名现代女性来 400 次（取平均值）月经，那么她单在卫生巾和卫生棉条上就要花数千美元。这对于某些家庭来说是非常现实的经济负担，在纽约这样的大城市，中学和公立学校的女卫生间开始提供免费的卫生棉条，这是一项由免费卫生棉条基金会（freethetampons.org）支持的举措。这个基金会认为所有公共厕所的卫生棉条和卫生巾都应该像肥皂和厕纸一样免费。

在认可了女性单独承担的成本后，美国有些州正在进行一场废除"卫生棉税"的运动。但是，可以说，"女性卫生用品"并不是令我气愤的唯一领域。更多的女性（以及男性）越来越受到鼓励去消灭所谓的粉红税，它指的是很多女性消费用品，比如玩具、服装、肥皂、洗发水等，都比同类男性消费用品更贵。（一个消费者群体指出，一家著名的大卖场连锁店里的女孩滑板车卖得比男孩滑板车贵——两者唯一的不同是女款是粉色的！[31]）在关于美国医疗的立法辩论中，一位（男性）立法者提问：为什么法定健康保险中要包含产前保健——为什么男性要为此买单？（或许是因为他们希望自己的伴侣和后代健康，这样人类才不会走上进化的绝路？）

女性已经流了几十万年的经血，我们已经进步了很多，因为 20 世纪的女性还是拿破布垫着的。卫生棉条和卫生巾已经方便多了，但女性——86% 的女性称自己曾在公共环境中来月经而手边没有卫生用品[32]——不应该为它们买单。有一种更省钱的、可重复使用的月经杯越来越受欢迎（的确不适合所有人，但可重复使用的月经杯比卫生棉条环保多了，卫生棉条里有塑料成分，而塑料制品产生的垃圾已经遍布世界各地的海岸）。但当流着血的你敲击着破烂的自动售卖机，要买一根 75 美分的卫生棉条时，你一定会想，我们什么时候在月经这件事上能进步？

我们可能还需等待所有女士公共卫生间里的卫生用品都变成免费的那一天，但对女性用品的销售税的消灭行动正在发生。如果你所在的地区还没有发生这样的转变，那么或许你可以写信或参与你自己的月经力量行动——当你行动时，可以问问那些玩具制造商，为什么粉色塑料比蓝色塑料贵。

虽然脸色苍白的女性（因为她正在失血）被刻画为缩在自己铺着加热垫的床上，体育课都静坐在一旁，对伴侣怨言不断，或者让嗜血的鲨鱼搁浅在沙滩上，但女性在月经期并没有很多与激素相关的外在行为。要记住，那些激动的激素此时已经平息下来，而那些情绪的烟火，如果有，也早在经前期综合征那时被点燃并释放了。当然，痛经、头痛和其他症状是很烦人的。（严重痛经和流血过多是不正常的，可能预示着纤维瘤或者子宫内膜异位。）除了可能在厕所多蹲一会儿，正常的月经期对于大多数女性来说跟平时没什么两样，不过是普通的日子罢了。

那么，月经究竟有什么意义呢？你现在知道了，流血是因为子宫壁增厚的内膜组织不需要支持囊胚而剥落。人类、其他灵长目动物、象鼩及某些蝙蝠都是有月经的哺乳动物。但在其他一些哺乳动物中，不存在子宫内膜生长，再随经血排出体外的现象，它们只有在受精后，子宫内膜和组织才会在血液和其他营养的供给下增厚。

关于月经，有一种令人不屑但仍受到讨论的理论，它认为女性流经血是为了将可能携带细菌、病毒和其他病原体的"坏"精液冲出去。这个著名理论的提出者是备受争议的进化生物学家玛吉·普罗菲特。她认为，来月经是清除女性生殖系统中致病因子的自然方式，因为要定期损耗血液和组织，所以从生物学角度来说，这是一个低效的过程。"精液是疾病的载体。"她写道。（普罗菲特后来提出，晨吐也是孕妇对潜在有毒的食物进化出来的反应——呕吐或者对某些食物感到恶心，是减少接触对母亲和胎儿有害的危险过敏原、危险病菌甚至致癌物的自然方式。）[33]

但像衣原体这样的性传播疾病病原体仍然广泛存在，我们可能会认为，如果一名现代女性一生中来 400 次月经（平均而言），性传播疾病就会变得温和而难以传播。（实际上，能减少甚至抑制月经的口服避孕药的使用，也受到了普罗菲特的理论的影响。）

最后，如果消灭致病性微生物是来月经的理由，那么为什么只有寥寥少数物种进化出了清除致病因子的方式呢？其他的物种岂不是要完蛋？（《人猿星球》将来会被《象鼩星球》取代吗？）

还有一种关于月经的理论，但它与流血本身关系不大，更多解释的是子宫内膜增厚的原因。即使女性没有怀孕，即使她在生育力最高的阶段没有性行为，子宫内膜仍然会为了准备受精卵的着床而丰满起来。但正如前文提到的，在非灵长目动物中，除非怀孕了，否则子宫内膜是不会增厚的。与其他动物不同，我们人类会为了一位或许永远不会到来的宾客大费周章。

研究者猜测，子宫内膜的增厚或许与人类胚胎特有的侵略性有关。胚胎深植于子宫壁中，从母亲那里充分得到支持自己生命的资源（包括血管）。[34]（相比之下，其他物种的胎盘位于浅表的位置，不会"侵入"得非常深。）这时是"母胎冲突"发生的阶段：在这种情形下，人类胚胎深陷其中，为了宝贵的生命，牢牢抓住子宫壁；与此同时，母亲需要保护自己的生命（为了自己，也为了未来的后代）。于是，在准备迎接这位深钻的客人时，母亲的身体做出了由激素引发的一系列自我防御和适应的平衡反应。高水平的孕酮导致子宫内膜增厚，以应对那个小小闯入者的到来。如果小小的他／她没有出现，孕酮水平就会回落，子宫内膜最终也会脱落。

一个相关的观点认为，从新陈代谢的角度看，人类的身体要维持大面积的子宫内膜，成本高昂——因此子宫内膜会每个月脱落，而不是始终维持"等待宝宝"的状态。实际上，密歇根大学的人类学家贝弗莉·斯特拉斯曼推测，排卵前的新陈代谢率比排卵后低7%，因为排卵前身体在为可能的着床做准备。她猜测，在4个排卵周期的过程中，女性通过来月经排出子宫内膜，可以节约多达6天的能量消耗。[35]这对于活在温饱边缘的人类女性祖先来说意义非凡。

最终（或者说，排卵周期结束时），似乎确实有证据表明，子宫内膜的增厚以及随后的脱落和流血，是为了适应人类（以及其他少数哺乳动物）胚胎的侵略性的反应。从生物学的角度看，形成血液和组织，又定期地付诸东流，似乎是非常低效的做法。但是，或许我们的激素——虽然周期性地带来了血液、汗水和泪水——做的是非常有效的事情：它们在保护我们自己和我们未来后代的生存。

CHAPTER

4

The Evolution
of Desire

第四章

欲望的进化：
激素水平与吸引力起源

我们肯定都知道实验室里的动物发情（某只四条腿的雌性动物在滚轮上跑个不停）和野外的动物发情（实验室动物自由放养的亲戚，扭动着耳朵，到处跳着寻求关注）是什么样的。我们也探讨了人类身上的发情行为是什么样的，并且现在明白了，"好闻"的臭 T 恤里还有其他名堂。然而，情况并不是女性在重要的生育力高峰期突然对大量性行为兴趣倍增这么简单。回想一下，关于女性在生育力高峰期对频繁性交的欲望，证据顶多是混杂的。

或许，正如臭 T 恤研究表明的那样，发情的大鼠和狗会策略性地选择特定的配偶，而对人类女性来说，不是任何男性都可以。如果确实是这样，女性就会选择特定类型的男性。她们会被某些潜在伴侣吸引，同时会对某些男性缺乏兴趣。她们会在周期中生育力最高时寻找特定的特征，这些特征或许与其他阶段的偏好完全不同。我即将分享的研究就惊人地支持了这些预测。

在周期中由激素引发的性行为变化有趣而复杂，而这是我研究的核心内容。我相信，女性的性行为——她的欲望和行动——有着明确的目的，这些目的表明了她的命运以及她的后代的命运。

但我们最初为什么要进化出发情行为呢？我已经提到，有些人类（有男性也有女性）不大愿意承认我们与其他动物有很多相似之处，尤其是在性和交配方面。但是，女性确实有着人类特有的行为，最明显的是，出于生殖以外的目的，女性在可育期之外也有性交的欲望和能力。（当然，男性也有这种欲望和能力。）通过女性不太受束缚的性行为，人类走上了与其他动物相去甚远的弯路。

你将会发现，这种受到激素驱动的性行为的进化很可能是因为人类的大脑不断增大，以及因为需要帮助的人类后代要依赖父母，他们只有得到父母双方的照顾才能发育到最好的状态。

○发情的蜥蜴

差异万岁！但进化告诉我们，情况并非总是如此。

约5亿年前，雌性和雄性脊椎动物在生殖结构上分道扬镳，各自发育出一套雌激素和相应的激素受体。（你如果在上过九年级的生物课之后就没再想过"激素受体"的问题，那就回想一下，生物老师可是给每届学生都解释过激素受体的。激素像穿梭在身体特定细胞间的小小信使。激素受体是收信对象。如果收信人收到了信件，细胞便会做出相应的反应。对于性激素来说，它们会启动细胞内的基因，促使身体和大脑做出改变，例如发育生殖组织和引导我们的欲望。）

激素和受体进化到最后，会在雄性和雌性的大脑和身体中执行不同的功能。在雌性身体中，雌激素会触发卵子成熟，并很可能引起性动机的改变，有助于生殖。相应地，雄性进化出察觉雌激素外部表现的能力，如雌性气味的变化，并觉得这种气味特别具有性吸引力（我们会在第六章了解到）。

所有脊椎动物，从毒蜥到老鼠，到黑猩猩，再到人类，都具有行为上的发情期以及伴随着雌激素变化的性行为变化。进化树的分支可以描述物种间的基因关系以及物种如何随着漫长时间的推移分化成了新物种。进化树为我们提供了关于某些起源的重要线索，其中包括各个物种共有的发情期（参见图4.1）。从进化树可以看出，这支古老的激素之舞早在蜥蜴与哺乳动物分家前就存在了。

大约4亿年前，雌激素受体出现了性别二态性（雄性与雌性的受体不同），这可能是发情期的起源。据猜测，顶位物种（从单孔类动物到真骨鱼），包括恐龙，是有发情期的动物。当然，每个分支的末端都会出现物种间的进一步分化。人类一般被划分为与有胎盘的动物同类。然而，人类版本的发情期虽然与进化树分支上的动物版本的发情期有很多相似性，但是也有其独有的特点。

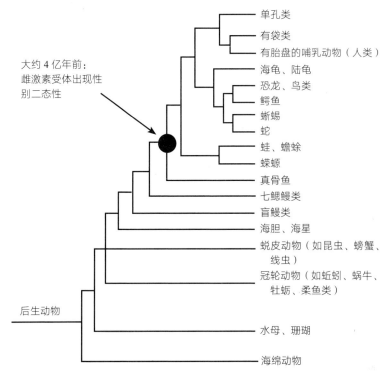

图 4.1 展现物种间基因关系的进化树

我们是从截然不同的生命形式演化而来的。令人惊奇的是，我们得特别感谢我们的鱼类祖先，它们是第一个出现"雌性特质"的——雌性鱼类的雌激素受体与雄性鱼类的雌激素受体工作机制不同，雌性鱼类产生了由雌激素控制的、有雌性特点的生殖类型。这个过程经历了数百万年，最终，同样的发情周期会影响最早期的人类祖先，后者为女性的策略性性行为奠定了基础。

那么，让我们来仔细研究一下"欲望的进化"。这是进化心理学家戴维·巴斯（他也是我的博士生导师）在他的经典同名著作中发明的一个巧妙的短语。[1] 如果我们能阐述人类的激素周期中所发生变化的意义，特别是这些变化对女性的作用，或许我们就能解答关于人类性行为的很多问题。研究发情期的起源也能帮助我们理解为什么有些恋情可以持续一辈子，而有些爱情火花过了个周末就熄灭了。[2]

如前文讨论过的，对于人类发情期最显而易见的解释是，发情期为女性祖先提供了一条追求某种东西的路径。这个东西意味着将后代送入未来和让自己消失得无影无踪的差异。这个东西就是精子。

但如果发情期存在唯一的驱动力只是为了让卵子受精而追求任何男性的可用精子，如果女性在生育问题上丝毫不慎重，那么请花点儿时间，从遗传角度和其他方面想象一下后果吧。这种女性狂放不羁的剧情并不是很有道理，尤其是如果你考虑过进化生物学家罗伯特·特里弗斯提出的亲代投资理论（第二章讨论过）：两性之中，必须在生殖上投入较多的一方在选择配偶时会更挑剔。女性能够生育的后代数量有限，并且一旦孩子出生，母亲会在育儿上投入巨大。因此，女性不会单纯为了获得精子而仓促择偶。（我们所知道的"生娃热"很可能不是从女性祖先开始的。）

另外，说到择偶，女性没有进化方面的理由去承担所有择偶工作（一旦怀孕和生下后代，她们会耗费大量的精力）。在野外的很多物种中，雄性有足够的能力搜寻和成功找到有生育力的雌性，部分因为处于发情期的雌性并非"深藏不露"——你可以想象雌狒狒肿胀的生殖器。甚至连雌性鱼类也会释放信息素，表明自己现在适合交配。

这种"唯精子论"的解释之所以存在缺陷，还有一个原因。科学家以前无法找到人类发情期的证据，因为他们在错误的地方寻找爱情。早期探寻发情期的研究者基于自己对动物的观察，推测女性在生育力高峰期会出现性行为的普遍增多。还记得有关"疯女人"的描述吗？但这些科学家的行动基础是过时的"发情"概念，也没有研究可以证明其他情况，于是他们无法考虑到这一事实：如后来发现的那样，处于可育期的女性对于潜在的配偶非常挑剔。

在臭 T 恤研究和其他早期工作之后的几十年，我们看到越来越多的研究证明女性的性欲在周期中是变化的，当处在生育力高峰时，她认为非常有吸引力的男性类型也会发生变化。另外，女性的偏好并非只关乎某种外表特征（例如第二章里描述的很可能代表基因缺陷更少的更为对称的脸部特点），也有对特定的行为品质的偏好。大量研究表明，处于可育期的女性喜欢更为自信和居主导地位（甚至傲慢）的男性，他们的行为特征更"有男人味"。[3] 同样的偏好也出现在其他物种的雌性中，包括灵长目动物，它们也会选择地位高的雄性交配。甚至在毒蜥中，雄性会上演竞争主导地位的戏码，而获得主导地位的雄性会赢得繁殖奖励——发情中的雌性。

如果只有"男人中的男人"才能被选中，那么这意味着其他很多男性可能会被冷落在一旁，包括那些二头肌或许不算最大，但其他方面能弥补不足的候选者。这一点我在后文会细说。性感男士虽然能为女性提供至少一段时间（发情期）她们想要的东西，但好爸爸型选手可以提供女性——及其后代——在任何时候都需要的其他品质。在确定好男人为什么（以及是否）会完蛋之前，让我们先来看看可育期女性瞄准"性感男神"的原因。

○坏男孩和好基因

假设一个正在排卵的女性要寻找一个配偶去当自己后代的父亲。无数有想法且有能力的男性跃跃欲试，但只有一个人——占主导地位的男性——会被选中。他好斗，自信，嗓门儿大，有点儿目中无人，体形也比别人大。但他就是"真命天子"。无论我们讨论的是狼、鸟类、人类以外的灵长目动物还是人类，各个物种中不断上演的择偶行为都一样：处在生育力高峰的雌性会表现出对处于主导地位的雄性的偏好。然而，这只是表面现象——因为自然界不只有孔雀的尾屏、最响亮的号叫或硬邦邦的腹肌。当然，一名男性魅力再大，也不会是所有后代的父亲。

我们知道，心理学家史蒂文·冈杰斯塔德和生物学家兰迪·桑希尔所做的臭T恤研究具有里程碑式的意义，表明处在生育力高峰的女性偏爱潜在对象的对称特征；通过选择优质的样本，女性也在选择携带有益遗传物质的候选者，以便将优质基因传给后代。对女性祖先来说，很多情况——包括后代的寿命和存活——都取决于她们对配偶的选择。简而言之，这就是择偶的好基因理论：当有可能怀孕时，雌性会表现出对某些雄性的偏爱，这些雄性具有的特征与良好的基因相关，好基因可以传给后代。良好的基因会通过雄性的主导行为和某些身体特质表现出来。因此，雌性及其后代最终会受益。

好基因理论支持了雌性策略性性行为的概念，为女性挑剔的择偶行为提供了证据。但人类的发情期只能解释激素周期中很有限的一小段时间，大约只有5天——直到排卵日，包括排卵日。另外，生育力最高时期的女性可能倾向于选择一名有好基因的男性，但这并不意味着她一定会按照自己的欲望行事。她可能没有机会在转瞬即逝的可育期行动，或者她可能会选择不去寻找自己的意中人——尤其是如果她意识到，长期看来，她跟其他人在一起会过得更好（我们很快会说到这部分）。

在所有能贡献后代（也就是提供精子）的男性中，只有屈指可数的一些人算得上教科书式的好基因男性。这很合理，一群人中，并非人人都能占主导地位，否则就没有势力范围的概念了。可以说，世间还有其他很多（非阿尔法男性的）男性，此外，除了发情期，周期中还有其他很多日子需要解释，在那些日子里被选中的男性除了能提供基因，还能提供其他好处。

在远古时期，良好基因的外在线索可能有巨大的影响，很多动物，包括人类以外的灵长目动物，仍然会在生育力高峰时将体形最大、质量最好的雄性作为择偶的首选。但人类女性在激素周期中的欲望会发生变化，除了从动物祖先那里长期继承的发情行为，最终还增加了一种新的性策略：长期关系。通过进化出成对结合（选择一个伴侣）和长期的性行为（在可育期之外发生性行为，人类常这么干），我们更像人类了。

○成对结合：举全村之力（外加一个伴侣）

怀孕中和生产后的女性祖先要做的事非常多——怀孕，生产，哺乳，育儿，以及可能要照顾其他尚未独立的孩子。除此之外，与人类以外的灵长目动物相比，大脑袋的人类孩子要花更长时间跨过有助于他们最终不再依赖家族而存活的发育里程碑，比如行走和自己吃饭等活动。黑猩猩到4岁时就可以完全自给自足了。相比之下，人类的后代要依靠父母很多年，在许多传统社会，孩子在12岁之前无法采集到足够的食物喂饱自己——不包括薯片和万圣节糖果。我们说的是维持生命的食物，不是零食。（当我问学生，他们认为人类的孩子会依赖父母多久时，他们目光躲闪，坐立不安，或许想起了自己的学生贷款，或者在想毕业后找地方安身——还得有医疗保险。我们通常认定，他们至少要到30岁才能独立。）[4]

人类进化出了"昂贵的大脑"结构，这意味着相对其他哺乳动物，人类复杂、缓慢生长的大号大脑需要高质量的热量和营养。[5]换句话说，我们比其他动物更聪明，但这是有代价的——认知能力的发育需要高水平的优质燃料。对远古时期的人类来说，满足这种需求——通过消耗和吸收足够的热量，或者通过节省体力来弥补热量的耗费——确实事关生死。

人类以外的灵长目动物却有着"灰色天花板"，因为它们的大脑灰质发育到某个程度便停止了，而我们人类的却会一直发育，获得营养丰富的热量是其中部分原因。当我们最终想出办法从食物中获取了更多热量和营养时，我们获得了一项重要的优势，"大脑食物"帮助我们打破了"灰色天花板"。在这部分食物中，有些是我们采集的——主要是植物，有些是打猎得来的，比如一些大型猎物。

我们永远无法确定，第一个学会使用工具去切割和生火去煮熟肉类及其他食物，由此提高了营养密度的究竟是男性还是女性。我们学会了敲打和烹煮肉类来让肉质变软，不用啃食难咬的生肉。我们可以切开蔬菜或水果，不用再将它们连带着硬壳或牢不可穿的外皮囫囵吞下。这时，我们可以咀嚼和消化更多的动物蛋白，获得有助于大脑生长和认知发育的其他大量营养。[6]

我们不但要消耗更多（和更优质）的热量——感谢世界上第一批家庭厨师——还要通过重新分配能量消耗来消耗更少的热量。比如，灵长目动物将大量的能量投入上下爬树、为寻找食物和休憩之地而长途跋涉等活动。而凭两只脚行动自如的人类发展出了能量需求不高的习惯——但生活远非轻松，尤其对于产妇来说。

如果你是远古时期的一名女性，显然，做一个单身母亲尤其艰难，你必须投入巨大的资源，才能产下和抚养一个大脑袋的孩子——把体力、营养和时间都投入孩子成长的岁月。与黑猩猩不同的是，人类儿童在三四岁后仍然紧紧跟在母亲身边，他们的生存完全依赖于母亲的支持。如今，得到第一部智能手机是很多 12 岁大的孩子"独立"的标志，而在远古时期，还没有用于打猎、采集或使用工具的手机应用程序。

必须有人站出来为孩子的成长提供保护和物资。母亲这方的大家庭很可能在抚育尚未独立的孩子上提供了帮助，但父亲本应是关系最亲的潜在育儿帮手。父亲作为孩子最近的亲属之一，面对着更多进化的压力——因为父亲的基因有着相同的命运——他们与孩子母亲家族中的其他人相比，要在协助育儿上投入更多。因此，男性在育儿投入上进化出了强烈的意愿（不过也有一些男性选择了"爱完就走"的策略）。"共同抚养"一词有一种现代性，但其根源存在于我们早期的人类历史。

这就是人类开始变得更像……人的阶段。女性祖先在发情期吸引占主导地位的阿尔法男性，也被他们吸引，因为他们能够提供良好的基因。但在短暂的生育力窗口期之外的时间，女性发展出策略来吸引男性并与其维系感情，他们会长期在她们和她们的后代身上投入宝贵的资源——他们会花费自己的时间、提供保护、保证食物和居所等。科学家使用"成对结合"一词来描述这种稳定的关系。

或者可以这么看这个问题：性感男士开始面临好爸爸型男士的严峻挑战。

从肌肉发达到头脑聪明

与人类以外的灵长目动物相比，我们人类的大脑很大。例如，一只发育成熟的黑猩猩的大脑大约重 400 克，而一个成年人的大脑的重量是前者的 3 倍多。但若拿出生时的数据相比，情况就不一样了。

我们的灵长目亲戚在母亲腹中时，大脑迅速生长，因此出生时大脑相对很大。相比之下，人类的大脑在子宫外会经历极度的生长。人类的产道在生产过程中能够大幅扩张，但要容许一个特大号头颅安全通过，还是太小了。（关于人类产道容纳能力有限的一个理论认为，随着人类进化成了两足动物，而没有继续用四肢到处爬行，人类的骨盆变窄了。）因此，足月生的人类婴儿基本上都有不成熟的大脑，但它会在接下来的几年快速生长。

到 2 岁时，人类的大脑已经长到了成年人大脑的约 80% 大小，但就认知能力和发育而言，大脑需要到 25 岁左右才会成熟。[7]最终的产品是一个复杂的大号大脑，平均算来，可能仅占我们体重的 2%，但它需要身体 20% 的氧气和血液供给以及大量能量（食物提供的热量）才能正常运转。[8]

虽然女性祖先可能是最早的超级妈妈，但如果没有大家庭以及孩子父亲的帮助，一代代的成功生育便难以维系。人类大脑复杂而微妙的功能受到了成对结合的很大影响。没有父亲——家中的帮手——的投入，女性祖先就很难为后代的发育提供足够的热量和其他资源。而如果没有促进大脑发育的足够营养，人类可能就会像非人类灵长目动物那样，无法突破"灰色天花板"。

○长期的性行为：配偶如何维持结合关系

成对结合并不意味着女性祖先会完全抛弃"性感但不总是可靠"的阿尔法男性，选择没有那么强的主导性（但更可靠）的边锋选手。但成对结合确实表明，女性发展出了发情期行为以外的策略，去吸引那些会在后代身上投资的男性。实际点儿说，愿意协助育儿的阿尔法男性确实太少了——供不应求。另外，阿尔法男性也不怎么需要主动提供帮助。他们被选中的原因是他们有"好基因"，而不是他们愿意守在女性周围，共担育儿的责任。撇去对称性不谈，还有其他很多男性可以提供大量的时间、保护、食物和其他资源。

要保证没那么性感但稳定的男性长期留在身边的一个办法是，女性要愿意在短暂的生育力窗口期之外接受他们的求爱并与之性交——不仅是被动接受，还要主动出击。出于繁殖以外的原因性交——长期的性行为——是一种现代的人类行为，其根源在于对育儿协助的需要。

比如，猫和狗等哺乳动物就不会在发情期之外性交。（通常如此，除非是在动画片《猫儿流浪记》或《小姐与流氓》里，否则公猫和公狗并不会永远对自己那窝幼崽的母亲忠诚，也不会提供协助。）但是，红毛猩猩和黑猩猩等一些灵长目动物确实会在非可育期之外性交，倭黑猩猩还有个著名的习性——它们经常使用性行为化干戈为玉帛，性不仅仅是为了生孩子。

对于灵长目动物为什么会有不以繁殖为目的的性行为，有一种理论认为，这种性行为会造成"父亲身份的混乱"，从而减少雄性对后代的攻击。如果雌性与多个雄性性交，甚至在可育期之外性交，那么雄性可能会以为自己是孩子的父亲，便不会伤害和杀死雌性的后代。

对于人类而言，长期的性行为的原因似乎与成对结合密切相关。研究发现，寻找配偶的雌性有以下两个优先选项。

第一，性感先生（也就是性感男士）：在她看来有性吸引力的男性，符合她短期择偶的要求。她在生育力高峰的寥寥数天里被他深深吸引——这时候她的好基因雷达正在全力捕捉信号。

第二，稳定先生（也就是好爸爸型男士）：这种男性在她的生育力高峰期显得没那么有性吸引力，但作为她想要长期与之做伴的善良体贴的配偶，也很有吸引力——部分因为他更有可能留下来提供育儿帮助。

有些女性能够吸引两种品质兼有的罕见男性。（这种既帅又能提供保护和资源的优秀典范是很多爱情故事的内核，从伊丽莎白·贝内特的达西先生到凯莉·布雷萧的大人物，甚至还有《暮光之城》中的吸血鬼爱德华和《五十度灰》中的克里斯蒂安·格雷，不过似乎很难想象这些男人会被驯化成真正的好爸爸。）这样的女性非常满意自己两者兼得的配偶，于是不大会在发情期或者周期中的任何时间四处寻找其他选择。[9]

然而，没有找到两者兼有的理想型配偶的大多数女性（大多数女性都是如此，这就是现实世界的供需问题），会对非阿尔法男性越看越顺眼。我会在后文分享关于排卵周期中的偏好变化的更多研究。

因为长期性行为理论认为，女性愿意在整个周期中发生性行为——包括从年轻到年老的一生中各个阶段的非可育期，于是有些科学家对此的理解是，人类女性没有发情期，特别是"典型的"发情期（以繁殖为目的的性行为只限于可育期）。换句话说，他们认为，如果我们在非可育期做爱，那么我们就不可能有发情期，对吧？

如你所知，我不同意这种说法。我认为，理解长期的性行为问题，不是要排除发情期，而是如尼克·格里比和其他人所提出的，长期的性行为是发情期的补充。[10] 这种策略让女性可以巩固与她们成对结合的男

　　　　　　　　　　　　雌激素：关于情绪、陪伴与爱

性对两人关系和后代的投资。女性对性行为的接受从男性的角度解释也很合理。如果排卵是隐性的，那么不会带来繁殖"结果"的尝试总好于错过关键的繁殖机会（从进化的角度看，安全总胜于遗憾）。[11]

与成对结合的伴侣有长期的性行为也会为女性带来其他好处。它可以让女性更谨慎地逐渐培养与男性的关系，择偶时不仅是为了好基因，也是因为男性的好行为。我们接下来会看到，在整个排卵周期中，女性的偏好会由于她追求的目标而变化：一位长期伴侣还是一位短期伴侣。这些周期变化会让女性更大限度地得到性感先生和稳定先生最佳品质的结合。

这样的变化要花一点儿时间（5 亿年），但"真命天子"最终会出现在我们的视野中。

狂热的甲虫

长期性行为并非哺乳动物的专利。甚至如葬甲这样的昆虫都会表现出长期性行为，在可育期之外与成对结合的伴侣（也与其他雄性）交配。[12]

研究者观察到，雌葬甲为了吸引雄性留在身边甚至会更进一步：当后代处在脆弱的幼虫阶段时，雌葬甲能够产生一种激素，这种激素不仅能阻止它自己产卵，也能作为"抑性欲素"让伴侣不再交配，转而去照顾后代。否则雄葬甲会不停地与雌葬甲交配——或许因为雄葬甲想要保证自己的父亲身份。有人观察到，雄葬甲会在雌葬甲的产卵过程中与其交配。它们并非性欲高涨且自私——它们很可能是担心，其他雄葬甲被葬甲所栖息尸体的气味和有生育力的雌葬甲吸引而看上自己的对象，于是它们持续履行自己的职责，确保其他雄葬甲不会成为即将诞生的后代的父亲。我们知道，雄性也有自己的策略行为。

当葬甲完成交配时，育儿工作便开始了，双亲都会喂养幼虫。优先选项改变了！当小葬甲开始能够用自己的六条腿爬来爬去，从巢里（葬甲的家是一具腐烂的尸体）涌出来时，葬甲父母就能够自由地恢复之前的关系，不用再被育儿的事务烦扰。在这一点上，如生物学家和甲虫研究者桑德拉·斯泰格尔所说，"葬甲的家庭非常现代"。

○发情欲望为何进化

如何选择配偶的核心问题是个似乎无法回答的问题：你在寻找什么？答案可以很复杂，也可以很中肯。它取决于你问的是谁，以及提问的时间。但答案都非常能说明问题，它们或许能帮助我们理解女性在周期中的行为变化。

换句话说，你并非在受激素左右。你是在做重要的决定。

·一夜情 vs 金婚纪念日

如果你问男性和女性最喜欢长期伴侣的什么品质，他们列在最前面的会是一些相同的特质：善良、聪明、性格好。在一项发表于 1989 年的里程碑式的研究中，戴维·巴斯调查了全球 6 个洲和 5 座岛屿的 37 种文化，得出了这个发现。[13] 来自两性——超过 10 000 人——的答案惊人地一致，似乎反映了你与朋友今天聊天时会得到的答案。善良、聪明、相处愉快的人，谁会不喜欢呢？遇到这样的人就嫁了，或者娶了吧。

但快乐的大结局在这里就结束了，或者至少情况会变得复杂起来。这里有一份清单，列举了巴斯的调查中的男女在结婚对象（长期伴侣）身上最看重的品质：

男性：

1. 善良和体贴

2. 聪明

3. 外表有吸引力

4. 性格活泼

5. 健康

6. 有适应能力

7. 有创造力

8. 想要孩子

女性：

1. 善良和体贴

2. 聪明

3. 健康

4. 性格活泼

5. 有适应能力

6. 外表有吸引力

7. 有创造力

8. 有赚钱能力

两者的相似性非常突出，但不同之处也很明显。男性比女性更重视长期伴侣的外表吸引力。女性想要能赚钱的健康男性。女性也重视外表吸引力，但这一项排在第6位。因此，女性追求的可能是性感先生和稳定先生的结合体，他既要能提供保护，也要能提供物质资源。当然，这份清单没有讲出婚姻关系的全部故事。但它不仅让我们看到了"女性想要什么"，也让我们看到了男性择偶要求的有趣一面。

如果重设问题，问男性和女性在短期伴侣身上寻找的是什么，情况则发生了变化。这就是道格·肯里克和他的同事研究的内容。[14] 调查者问男性和女性，他们对和自己约会、仅发生一次性关系、结婚等的人，分别有什么最低要求。对于男性，外表吸引力对一夜情不如对稳定约会或结婚那样重要。对于女性，情况则不同——稳定约会或结婚所要求的外表吸引力不如一夜情要求的高。事实上，女性对一夜情对象外表吸引力的最低要求比男性的要求高。

因此，对女性来说，外表吸引力对于一夜情非常重要。这种偏好似乎符合好基因理论。简单点儿说，就吃晚餐和看电影而言，一名男性不需要那么好看。但如果在一次勾搭中涉及性，那么他最好能帅翻天（长相还要非常对称），因为他仅仅在提供遗传物质罢了。（当然，这不一定适用于全世界的周五夜晚，但它帮我们理解了女性喜欢帅哥的原因。）

先不看短期关系的选择偏好，如果男性想要娶到愿意给自己生孩子的漂亮女性，如果女性想要嫁给能保住工作的健康男性，你可能会想，我们人类怎么能在地球上延续这么长时间。我们是怎么凑到一起，攻克了我们不同的偏好难题，尤其是我们对外表吸引力截然相反的排序的？有人可能会认为，答案在于男女最终共有的追求上——男女在长期伴侣身上最终寻求和看重的善良、体贴、聪明、性格好。没错，此处应有音乐，不过……在我们步入"看日出、手牵手、沙滩漫步"的阶段之前，我们必须从沼泽中爬出来。女性必须处理好自己的发情期欲望和供需现实的平衡。

·权衡的进化

不知道是谁第一个把"高、黑、帅"列到一起的，但当女性被问起她们会追求男性的哪些品质时，她们又补充了一些：聪明，幽默，好学，会做饭和搞卫生，有同情心，随叫随到，爱观鸟，喜欢填字游戏，强壮，爱看电影，爱读书，爱运动，优秀的"腹肌撕裂者"（但别撕裂得太过火），会给妈妈打电话……你明白了——每个人的愿望清单各不相同，而且往往很长。

在理想的世界里，我们可能会找到理想的伴侣。但我们生活在现实世界中，因此我们会看看自己真正有的选项。这就是为什么女性在寻找长期伴侣时学会了权衡，她们会选择长期与自己最合得来的男性。

我们知道，并非所有女性都能成功找到性感先生和稳定先生的完美结合。（周围从来没有，也永远不会有足够多行为端正、长相对称的帅哥。）但根据我的实验室得出的理论以及其他人对这些动态关系的调查，下面可能是女性祖先找到"真命天子"时会发生的情况。

她通过结合两种性策略，维持住了这段宝贵的关系：对他超级健康的基因怀有情欲，对他作为好伴侣的品质怀有非情欲的爱慕。在排卵期，她从他性感先生的那一面得到了自己想为后代谋求的遗传资料；在非可育期，通过成对结合和长期性行为，她对他稳定先生的那一面建立了非情欲的忠诚。大多数时候，她处于非发情期，因此第二种感情才真正具有策略性。

干得漂亮，但是其他的女性会怎么做呢？研究长期男性伴侣时，因为善解人意的阿尔法男性供不应求，似乎女性学会了权衡。她们放弃了性感，选择了稳定，挑中那些愿意在家里帮忙的可靠男性（成对结合），并通过接受性行为（长期性行为）来维持重要的关系。

然而，这种关系并非一帆风顺。即使女性祖先因对方有能力提供育儿帮助和物质资源而与好爸爸型男士结合，她仍会在生育力高峰时表现出发情期的偏好，也就是说，她会被性感男士吸引。这时，她有两个选择：按照自己排卵期的欲望行事，谨慎地获得性感先生的超级健康基因，或者不这么做。这样做是风险极高的策略，尤其对于已经有孩子的女性来说。（嫉妒的男性，哪怕是好爸爸型男士，不仅会对伴侣使用暴力，如果发现孩子不是自己的，还有能力伤害或杀死他们。）[15]

因此，女性做出了非常实际的权衡，以确保自己和后代的生存。她守着愿意合作、可靠又慷慨的稳定先生——尽管她在雌激素水平高的时候会忍不住偷看性感先生，但好爸爸的养育很可能维持一段长期关系。

数百万年之后，这种权衡（实际上是一种有策略意义的女性行为）延续了下来。处于现代的我们仍能感觉到自古有之的情欲涌动，而且处于生育力高峰期的女性称，具有超级健康基因特质的男性比自己的伴侣更有吸引力。那些就是穿着臭 T 恤的坏男孩。

你可能好奇，在现代社会，那些原始的欲望还会转变成女性实际的不忠行为吗？据估测，西方人口中的女性不忠率在 20%~50%。[16] 再回忆一下，当研究者在实验室测量男性的对称性，询问他们的性关系史时，更为对称的男性称自己有更多的过往伴侣，这些伴侣在与其交往前与其他男性也有来往，这表明会出轨的女性往往倾心于有好基因的男性。（当然，女性出轨有很多原因，其中包括想要了解其他可能的长期伴侣。[17] 但处在生育力高峰时，好基因的吸引力可能会占上风。）

那么出轨生子的情况如何呢？一项 2006 年的研究罗列了 67 例对"非亲子关系"的猜测，这些"非亲子关系"来自对父亲和孩子的基因测试，它们要么是医学研究的部分筛查结果，要么是亲子测试公司收集的数据。[18] 非亲子关系率从 0.04%（在一群拉比中）到 11.8%（在墨西哥新莱昂州）不等，但这些比例仅属于遗传研究的参与者，他们很可能对"亲子身份"高度自信，因为他们会随便交出自己的生物学样本用于测试。想做亲子测试的男性，可能对父亲身份不够自信，得出非亲子关系的概率大得多，从 14.3%（俄罗斯）到 55.6%（美国）。将所有数据摊在一起时，研究人员稍感宽慰：3.3%。整体的百分率虽然不是很高，但我们要记住的是，在大规模使用避孕措施的情况下还是出现了这样的数值（而且在几乎所有的案例发生地，避孕措施都是方便的）。这意味着男性祖先中的非亲子关系率很可能更高。再思考一下这种情况下身为那 1/30 的男性（或者在美国，想做亲子测试的两名男性之一）是什么感受。哎哟。想到这个就心痛是有原因的——生育成本可能会让人类走入进化的死胡同。虽然发生频率并不算高，但成本确实高昂。

更偏远地区的人群中也会出现不忠导致的非亲子关系。我在加州大学洛杉矶分校的同事布鲁克·谢尔扎研究了非洲的一个部落——辛巴族。在这个部落中，社会规范对婚外情的看法相当宽容。15% 的男性和女性称，他们知道自己家里有一个孩子不是其父亲的亲生孩子。有趣也很说明问题的是，所有（或几乎所有）非亲子关系的例子都发生在包办婚姻中。当夫妻属于"自由恋爱"时，他们可以自由地选择对方，这时非亲子关系率会降至零。[19] 甚至那些被认为是一夫一妻制的典范，例如"一夫一妻制的"雌性鸣禽，似乎也会出去鬼混。[20] 当生物学家观察它们的鸟巢，做了一些基因测试后，他们发现约 11% 的雏鸟被一只并非它们亲生父亲的雄鸟喂食过虫子。

女性祖先发生了进化，可以与男性伴侣协作养育后代，不忠行为或许是她们最终的权衡结果。这种行为可能会带来更好的基因，但可能需要做出巨大的妥协才能与愿意投资的伴侣形成重要的关系。鉴于我们的进化历史，我们当然会希望男性对不忠的信号警惕一点儿。[21]

·早餐吃巧克力蛋糕

如果发情期可以给女性，尤其是有稳定伴侣的女性，带来这样的矛盾（有了一样，还想要另一样），那么发情期还有什么目的呢？这是一种让女性看上去反复无常的性心理——在激素周期中从被一种男性吸引，转变成被另一种男性吸引。

显然，发情期对动物的影响延续至今，这是很多物种的雌性用来为后代确保好基因的方式。那么人类呢？尤其是在我们的现代社会，有了可靠的避孕措施和让后代的生命少了很多威胁的现代药物，发情期对人类有什么作用呢？如果长期伴侣无法为后代提供良好的基因，大多数女性并不会仅仅为了后代的基因而冒险出轨，追求长相对称的阿尔法男性。（不过，有些女性还是会的……）

或许女性在周期中欲望的转变仅仅是进化遗留的残余，像是我们心理上的尾椎骨。我们不再需要靠它们生育能够活下来的后代，但我们仍然保留着那些古老的偏好。不过，那些前人类时代残留的发情特征确实推动了人类的很多现代行为——不仅仅是我们的性欲。你会在之后的章节看到，发情期会以其他方式影响女性，例如，发情期会削弱我们的冒险行为（并保证我们安全）。

早晨，我在饥肠辘辘地醒来后，第一件事情就是吃巧克力蛋糕。这听上去很棒，但并不意味着巧克力蛋糕是一顿健康的早餐。我知道如果我经常这么吃，我会受不了的，后果肯定会很可怕。类似的道理，我们不愿意盲目地遵从我们的发情期欲望——坏男孩可能看起来很帅，但那并不代表他适合你。在这两种情况中，身体都在说："我想要这个！"但如果你理解这种渴望的源头，并且知道它会转瞬即逝，那么无论你是放纵自己的欲望，还是把欲望当作忽略为好的远古遗迹抛于脑后，很可能你做出的都是更好的选择。

CHAPTER

5

Mate
Shopping

第五章

物色对象：
深思熟虑的女性

你如果想在世界上生存，就不要离开家。永远不要。在身边布置令你舒适的东西以及源源不断的食物、水，还有 Wi-Fi（无线网络通信技术），不要出门，因为外面危机四伏。当然，你可以到后院里去，但如果你想活下去，那最好还是一个人待在屋子里。如果你比较健康，书架也没有砸到你的头，那么你可以活很长时间。告别那些将你的生命置于危险之中或者结束你的生命的人或东西——有传染病的人、灰熊、无人轰炸机、持枪的坏人、红背蜘蛛、机动车，如果你避免跟他（它）们近距离接触，他（它）们是不会杀死你的。（呃，无人轰炸机大概可以。）

还有性。一定要告别性行为，还有它传播的疾病。在动物界，唯一安全的性行为就是没有性行为，到处鬼混必然要付出代价。想一想在苏格兰的遥远海岛上安家的野生索艾羊，它们生活的地方冬季气候严酷，食物稀缺。索艾羊似乎分成了两类——非常有性吸引力的羊，以及不知怎么病恹恹的，或者不怎么愿意繁殖也不太健康的羊。在被严酷的气候或寄生虫打倒之前，性欲最强的索艾羊已经繁衍了很多后代。快速繁殖会削弱免疫力，而寄生虫对于索艾羊尤其致命。羊群中更为性冷淡也更耐寒的成员会活得更久，但它们生育的后代会少得多。[1]

科学家发现，长寿的索艾羊有着高水平的抗体护体，扫平隔壁山头羊群的导致免疫力下降的寄生虫不会对它们造成威胁，而健康的个体会把这种强壮的特征传给下一代。虽然羊群经常有一半会被寄生虫或寒冬杀死，但健康的母羊和它们有健康基因的后代能够坚持下去，于是种群延续了下来。索艾羊要么在谨慎繁殖的同时增强免疫系统并节约资源，要么在遍地都是岩石的岛上到处游走、交配、生羊羔，好像世界末日要来了似的（对那一半活不了多久了的羊来说，后面这句倒是真的）。

任何新生羊羔的命运都部分受到了亲代择偶的影响，也就是说，羊羔要么会从健康的亲代那里继承有保护作用的抗体，要么会有感染疾病的高风险。但索艾羊——尤其是母羊——的命运，也受到了它打发时间的方式的影响。它是把资源投入交配和养育后代，从而承担相关风险，可能会变得更虚弱，沦为寄生虫的猎物呢，还是少把青春花在完成繁重的繁殖任务上，从而节省精力，维持免疫力，让自己活得更久，强身健体，在生命的后期繁殖后代呢？

你可以像索艾羊一样，过着快节奏的生活，年轻时死去；你也可以盘腿坐下，在周六晚上应门前三思而后行。出门社交……或者保证安全，早睡，单身。很少有年轻又健康的男女会像隐士一样把自己藏起来，尤其是在他们有生殖能力的那些年。如果人类祖先避免了一切风险，那么我们可能会走入可怕的进化绝境。

非常确定的是，在很多物种中，寻找配偶、生育后代需要承担一定的风险，尤其是雌性（有个臭名昭著的例外是螳螂：雄螳螂在交配期间真的会"失去理智"，因为交配后雌螳螂会咬掉雄螳螂的头）。对于现代人类而言，物色对象可能不像在其他物种中那样威胁生命，但当我们真的处于那种情境时，肯定不如待在家里安全。待在家里的生存策略显然有问题（见上一段中"进化绝境"相关阐述），于是我们奋勇向前，起身打扮，出门去见潜在的配偶。我们这样做，其实是像早期人类一样，也像数十亿年来的其他很多物种一样在做进化权衡——生存和繁殖之间的权衡。

一遍又一遍地，权衡成为发情期欲望进化过程中的主题。我们刚刚看到了一个重要案例：在选择性感先生和选择稳定先生之间的权衡。而这种特有的权衡适用于实际的择偶情况，例如：什么类型的男性可能会生育后代？在女性选择（以及决定是否要按照欲望行事）之前，她们必须投入精力，收集潜在的对象。事实上，物色对象非常耗费时间，充满关键选择和风险（包括寄生虫，以及更糟的因素）。

幸运的是，激素会引导我们，始终帮助我们在可育期做出好的性选择，同时保证我们的安全（至少可以帮我们避免某些风险，包括不受欢迎的、有威胁性的男性）。

○黄金时间：如何利用？

大量研究表明，排卵期的女性走动更多、吃得更少、出去社交更多、见更多男性、跳舞更多、调情更多——我会在接下来的内容中详细地描述相关研究。理论上，处于排卵期的女性在寻找有健康基因的性感先生。身体和社交行为上的小幅增加并不仅仅是"性欲"的增长（研究表明，处于排卵期的女性通常并不会与她们的长期伴侣发生更多性行为，不过她们可能会与短期伴侣有更多性行为）。[2] 另外，我们已经放弃了"处于发情期的疯狂女性"的观点，因为女性是极为挑剔的，她们并不总是听从欲望行事。

但不可否认的是，随着雌激素水平的上升和排卵日的临近，某些行为有了增长，而这些行为似乎会让女性与男性有更频繁的接触。生物学家将这一阶段称为"物色对象"。由于可育期的窗口一个月只会开放几天，因此生物钟嘀嗒作响，可能正准备报时。当铃声响起时（表明排卵时间到了），选择包括如下两种。

起身顺应发情期的波流：也就是说，我们变得活跃起来，变得爱社交，出现在可能遇到潜在伴侣的场合，增加我们的机会。这种激素的牵引在研究中得到了证实，实验证明女性在生育力高峰期更有可能四处转悠。

或者……

蒙头继续睡：无视"我要动起来，动起来"的发情激素，把宝贵的时间投入其他事情，而不去物色对象，如果我们对寻找伴侣不感兴趣，那么物色对象的行为可能会非常不合逻辑。有其他很多可以做的耗时（也与性无关）的重要活动，比如吃饭、睡觉、工作，还有育儿。

无论是哪一种，当雌激素水平开始攀升，生育力达到高峰时，我们需要选择打发时间的方式，如果我们选择不去交配，那么权衡的结果就是没有后代。我们生活在现代，很多人都会放弃对人类的生存做出贡献。（而总会有其他人在某个地方做这件事，保证人类的延续。）

不过，看到激素驱使着我们做出生理活动和其他行为是很有趣的。这些行为可以被理解为对找对象有所助益。同时，激素可能会制止我们做出与找对象相反的事情，尤其是那些坐着不动、一个人完成的事，比如在周六晚上 9 点查看工作邮件。并不令人意外的是，在研究处于发情期的人类和其他动物时，出现得最频繁的两种对立行为是需要吃饭和想出去转悠，这种较量有时候被（简单粗暴地）称为"进食需要 vs 繁殖需要"。

○饼干还是孩子

20 世纪 70 年代初以来，有一项计步器研究测量了女性在排卵周期中不同时间点的活动水平，表明在周期的中期，即生育力高峰期，女性的生理活动和走动有了显著的增长。（见第二章中"继续探寻发情期"一节。在月经期前也有活动的增长，这可能与筑巢关系更大。我会在后面探讨。）研究者已经证明，发情的实验鼠、农场动物、黑猩猩和猕猴都更为活跃——与计步器研究的发现一样，人类女性被证明有类似的与周期相关的行为模式。当雌激素开始发挥作用时，女性会得一种"幽闭恐惧症"，感到一种想要走出家门、去周围转悠的冲动。实验鼠无法出门遛狗或者去跳舞，但女性有很多选择可以宣泄雌激素引发的游荡癖。因为她们并没有受到激素的严格控制，所以她们也能够克服这种游荡癖。

我在加州大学洛杉矶分校的同事丹尼尔·费斯勒分析了大量关于"围排卵期活动"的研究，想要发现当女性和其他哺乳动物在发情期的活动性增强时，她们的热量摄入是否会下降。[3] 很多研究质量不高，并且受到了随机因素——包括研究方法的变动——的干扰，于是很难辨识其中的模式（费斯勒的论文发表于 2003 年，之前大多数研究还不知道使用激素测试去验证女性在周期中所处的阶段）。不管怎样，他发现，女性在排卵前的热量消耗会减少——这时生育力处于高峰。后来，加州大学圣巴巴拉分校的詹姆斯·罗尼和他的学生扎克·西蒙斯使用更好的测量方法跟进，重复了激素测试，发现了与之前在猕猴身上见到的惊人地相似的模式。[4]（罗尼说，猕猴研究中的因变量——所吃的饼干——应该赢得行为科学研究中的最佳因变量奖。它非常确凿，哪个科学家不想自己的 y 轴上有个"饼干"呢？）图 5.1[5] 和图 5.2 比较了罗尼的研究中排卵女性自称的饮食习惯和发情期猕猴所吃的饼干数量，两者几乎互为镜像。

费斯勒在文章中提出，有明确的证据表明食物摄取量会发生周期性的下降。但对于下降的原因没有多少合理的解释。特别是在生育力窗口期出现热量需求下降的生理原因尚无人知。女性在排卵后的新陈代谢率会升高，而特别消耗能量的子宫内膜正在为可能的胚胎着床做准备。[6]但这一事实预示着，从来月经那天开始的整个卵泡期的食物摄取量都会降低，而不仅仅是在可育期那几天。

如果可能，我们预测，当身体消耗了更多能量时，对热量的渴望和

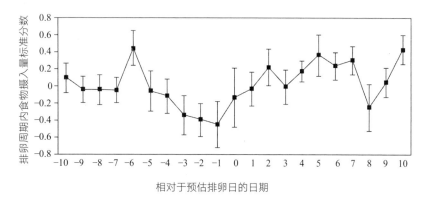

图 5.1　纵轴显示了女性的食物消耗量（0 以上的标准分数表明食物摄取量高于女性当月平均量，0 以下则表示低于当月平均量）。生育力窗口期，大约从 −4 日到 0 日，表示女性在生育力最高时的食物摄取量发生了下降

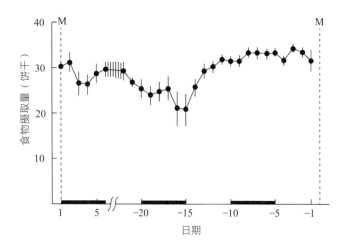

图 5.2　排卵周期中猕猴所吃饼干的平均量。M 代表月经期开始，横轴最左边是从来月经开始向前数（从 1 日到 5 日）。横轴的剩余部分显示了下次月经来临前的日子，−15日最接近排卵日

　　　　　　　　　　　　雌激素：关于情绪、陪伴与爱

需求也会攀升。如果突然进行了一番体育活动，你通常会胃口大开。但显然，生育力窗口期不符合这种情况。

费斯勒为他的文章选择了一个很具概括性的标题：《没时间吃饭》。费斯勒总结道（我很赞同）："自然选择考虑到了这一事实：在可育期，女性有比吃饭更重要的事情要做。"那就是，把精力用来物色对象。

○不如跳舞：人类是如何物色对象的

现实生活中的物色对象是什么情况？我和同事史蒂文·冈杰斯塔德试图回答这个问题。2006年，我发表了这项研究的结果。

我在读博时，与导师戴维·巴斯开过头脑风暴会议后，就开始了这项工作。我和戴维都认为，女性在整个周期中（或者只根据社交情况而变化）一直保持择偶行为是不合理的，这也是当时的普遍看法。似乎可能性更大的情况是，女性的行为会随着自己是否会怀孕而变化（可育期的窗口会在关键的那几天开放）。因此，对于女性在周期中的各个阶段如何改变自己的尝试和兴趣，以及她们的男性伴侣如何回应，我们得出了很多想法。我们首先对这些想法做了初步的测试，在接下来的20年里，我一直在跟踪进展。做这项研究的部分原因是，我对自己之前所做的性别差异研究着实感到厌倦——关于男女行为之间的简单差异，有多少人愿意表达观点，就可能有多少种解释。（噢，都是媒体的原因！噢，都是因为阴茎从身体中伸出来并且比阴蒂大的缘故！）我感觉自己在对人类性行为提出的理论上毫无进展。我想，通过展现激素不为人知的隐秘作用，我或许能够以无法用普通理由轻易解释的方式去测试一些进化理论。

我和戴维研究的是女性的欲望和男性的交配策略的大问题，包括男性的"配偶守护"现象：当男性表现出对其他男性的嫉妒或者对女性伴侣的性占有权时，他们会在公共场合将胳膊搭上女性的肩膀，也可能会私下倾诉衷情。

　　在研究中，我们特别关注了女性在生育力高峰期进行的活动，尤其想知道她们是否会寻找一些场合，去结识拥有超级健康基因的男性。研究的参与者包括 20 岁上下、有长期伴侣的异性恋女性，也有无稳定伴侣的女性。基于我们对发情期女性行为的了解（具体来说，她们有变得更活跃和更爱社交的欲望），我们推测，所有女性，无论她们的感情状况如何，都会去能遇到男性的场合，只是或许她们是无意识的。

　　我们使用特别制作的日常调查问卷，让女性连续 35 天记录自己的行为，要记录一个完整的月经周期。（所有参与的女性都没有口服避孕药或使用激素类的避孕方式。）我们问的问题有：你跟你认识的男性调过情或者被他们吸引过吗？跟陌生人调过情吗？跟男性朋友、熟人或同事调过情吗？她们还会被问起她们的社交活动，是否有可能跟朋友去跳舞俱乐部或大型派对，在那里结识男性。

　　我们知道每名女性处于其月经周期的哪个阶段：她什么时候会有经前期综合征，是否正处于经期，在生育力窗口期的哪一天。我们收到了女性整个周期每一天的反馈，因此可以评估参与者的答案，寻找她们的激素变化和各种性行为及社交行为之间的联系：她们是希望留在家里还是出门，她们想做什么，和谁一起。调查结果证实，在生育力高峰期，无论情感状况如何，女性对于出去见男性都更感兴趣（本章的"为什么连好女孩也会与坏男孩调情"一节描述道，其他研究表明，女性实际上在实验室里会与帅哥调情更多）。我们发现，有稳定伴侣的女性会注意到更有吸引力的男性，也会与伴侣以外的男性调情更多，尤其当这些女性评估自己的伴侣不太有性吸引力时。

这是否意味着，当女性正在经历伴随经前期综合征或月经而来的激素波动时，她就遇不到自己的灵魂伴侣了呢？当然不是。不过，曾经有一段时间，生育力高峰期的特定行为对人类起着重要的作用，并可以与发情期拼图的其他部分完美地拼合。在周期中的任何时间，女性祖先都必须完成一大堆耗费体力的任务，以保证自己和后代的生存，比如，她必须保证食物和居所，照顾孩子。但当她最有可能怀孕时，物色对象成为首要任务。因此，在排卵期，她从寻找营养变为寻找健康基因是合理的。

换句话说，她没有时间吃饭。

○女性之间的竞争：魔镜，魔镜，告诉我

在此提醒一下，罗伯特·特里弗斯的亲代投资理论认为，在择偶问题上，女性比男性更挑剔。在选择配偶时，女性更为挑剔，因为她们必须在生育上付出更多。这使男性成为"低投资者"，或者，至少这是一个可以选择少投入的性别。女性在可能生育的后代数量上也更受限，这使选择配偶成为女性的一个高风险游戏。该理论的一个关键原则是，"低投资性别"会为了获得"高投资性别"而竞争。竞争的本能也是很多雄性动物好斗的原因。雄鹿长有巨大的、有破坏力的鹿角，而雌鹿没有；雄象海豹的体形是雌象海豹的近3倍。人类男性比女性多了近50%的上半身力量[7]，这可能不仅是因为男性往往是家族中的猎手，也是因为他们要与其他男性争夺配偶。

大量研究表明，男性通常比女性更爱竞争。当然，女性也会在很

多方面表现出竞争性，并且不仅仅是在一些常见的领域，如运动、商业和政治。实际上，一项近期的研究表明，当女性在与自己竞争时，她的好胜心可以与男性的一样强，也就是说，她在与她自己过去的表现竞争，而不是在与他人竞争。[8]她会狠狠逼自己下次做得更好，无论是在健身房，还是在办公室。

不过，如果你关注的主要是男性之间力量的外部较量，比如身高更高或者肌肉更大块，那么男性似乎更容易与同性别竞争。（让我们坦然面对吧——"比谁尿得远"很可能不是女性发明的。）那么，这是否意味着，在物色对象时，女性不会像男性一样相互竞争呢？或者有没有一种关键的情境和时机会在女性身上引发竞争冲动呢？当生育风险高时——当生育力处于高峰，而那些最优秀的男性和他们的健康基因供不应求时，女性会有竞争意识吗？

现在游戏开始。

·第一局：打扮漂亮，给人好印象——她要给谁留下好印象呢？

十几年前，科学家开始深入研究人类发情期的问题，结果表明女性在生育力高峰期确实会与其他女性发生更多竞争行为，但这项研究的案例太少，衡量竞争的方式很古怪，是要求女性评估其他女性的面容。在关于这个问题的最早的研究[9]中，处于生育力高峰期的女性比生育力低的女性更容易评价其他女性不好看。换句话说，高生育力的女性更容易对其他女性做出严苛的评价——基本上是毫不留情的。

之后对女性竞争的一项研究更为全面，也更有说服力，有些发现是以我在加州大学洛杉矶分校实验室的研究结果为基础得出的，我的那项研究是在 2007 年发表的。[10]我们当时主要感兴趣的是女性在排卵周期中欲望的变化。我们让女性在生育力高和低的不同阶段进入实验室，做激素测试，询问她们的感情状况（她们与伴侣以及其他男性的关系）。当时，我的本科生研究助手明娜·莫特扎耶感兴趣的是，在周期中，女性的着装风格是否会随着激素波动和性行为而改变。为了收集材料，女性穿着自己选择的衣服来实验室的那天，我们给她们拍了照片。

我们给一群与实验无关并且不知道实验目的的男性和女性——他们也是学生——看了参与者的照片（脸是蒙起来的）。我们叫他们选出着装最有吸引力的女性照片（在同一名女性的高生育力照片和低生育力照片之间选择）。我心里是存疑的。我已经当了很久大学教授（曾经也是学生），我知道本科生选择衣服的依据是有考试（舒服的卫衣）、绝对不睡觉（昨天晚上的衣服），还是有面试或与教授在上班时间有重要会议（漂亮的套装，直接从塑料干洗袋里拿出来）。生育力即使有作用，也一定会淹没在其他各种因素中。

让我惊讶的是，我们发现，那些不清楚女性生育力状态的本科生在60%的情况下选择的是高生育力照片，认为那些女性试图让自己看起来更有吸引力，而在40%的情况下选择的是低生育力照片。20%的差距虽然不是特别大，但足以引起注意，这种差距惊人地证明女性至少会以低调的方式展现自己的生育力。

我们研究的女性似乎会做出生物科学家所谓的"装扮"行为——在调查中，这种装扮是更为漂亮的衣服和精心的打扮。但它们是否也传达了某种女性竞争的信息呢？在野外，雄性动物的装饰不仅是为了向雌性炫耀，也是在向其他雄性表明它们的主导地位和优越性。那些巨大而致命的鹿角就是一个例子，这种特征有两个目的：吸引异性的注意，以及与同性打架。我们得出结论，女性可能也会做类似的事情——利用外表吸引男性，以及与其他女性竞争。这个理论要有进一步的研究来验证。

大约一年后，我和同事克里斯蒂娜·杜兰特还有诺姆·李通过得克萨斯大学的大型研究收集了更多证据。这一次的明确目的是在更广泛的女性样本中研究整个激素周期中的服装选择。[11] 她们的衣服会反映她们的激素状况和约会概率吗？我们让 17~30 岁的得克萨斯大学女学生向实验室做两次汇报：一次是在低生育力日，另一次是在即将排卵或正在排卵的高生育力日。像往常一样，我们用测试确定了她们的激素水平，参与者都没有服用避孕药。有些女性有稳定的恋爱关系，有些没有，还有些从未发生过性行为。

样本的多样性很重要：如果一名女性正在恋爱，与一位稳定伴侣有频繁的性行为，那么她选择如何展现自己，可能会有意或无意地受到这一事实的影响。（我的男朋友出差了，所以我就不洗头了，我还连续两天穿着他讨厌的瑜伽裤！）如果一名女性有意约会，且性方面很活跃，那么她可能会每天都穿得更漂亮些。如果她正好单身，性经验不足，那么她可能完全不会选择穿有挑逗性的衣服。

参与者仍是穿着来实验室时的衣服被拍了照片。不过，这次她们被要求想象那天晚上有朋友要开派对，到时会有很多"单身又好看"的人来。实验人员给她们女性人体的模板和彩色铅笔，叫她们画出自己想穿去参加派对的那类服装，标清楚上衣领口多大、上衣下摆会到哪里、裙腰或裤腰在哪里（是在腰线上还是腰线下），以及裙摆或裤腿到哪里。我们把这些画誊到特殊的纸张上，好测量每张图片中皮肤暴露的面积（多少平方厘米），包括胳膊、脖子、肩膀、大腿、小腿等。

在低生育力的时候，女性穿着的和画出的衣服都遮盖了更多皮肤。在高生育力的日子，她们穿着的和为晚上出门而画的衣服明显更性感、更暴露。（在高生育力的参与者中，这种"暴露"效果在黄体生成素激增的女性中尤为突出，这时她们的受孕概率是最大的。）

这里有一位参与者画的图（图 5.3）。左边是在低生育力时画的晚上出门着装的合成图（A），右边是在高生育力时画的服装（B）。

注意，在低生育力时所画图中的裙子更长，暴露的肩膀只有一侧，而不是两侧，甚至鞋子也遮盖了更多皮肤。我们的发现也表明，服装的选择与感情状况或对感情的满意度等因素有关。比如，"性开放"的女性比固定伴侣关系中的女性会穿和画更为暴露的服装。

"装扮"的冲动显然存在于高生育力时期，表明女性可能想展现自己的状态是"正在寻找配偶"，这是一种发情期的策略行为。至于与其他女性的竞争，这里有一个有趣的发现：在生育力高峰期，与很可能没有在"寻找"配偶并处于长期关系中的女性以及性经验不足的女性相比，性开放的女性所穿和所画的服装更为暴露和性感。招摇的项链搭配无肩带上衣，虽然不如成年雄鹿的鹿角那样有杀伤力，但如果这是一个穿两件套、戴珍珠项链的比赛，参赛选手是图中两位，那么露出两侧肩膀的肯定会赢。

在了解女性之间竞争的几项调查中，我和同事还要求参与者将自己与其他女性比较并给自己（她们"自我认知的魅力"）打分。我们提出的问题有："与大多数女性相比，你的身体对男性来说有多大吸引力？""与其他女性相比，男性会说你有多性感？"我们也问了她们，男性可能对她们在各种关系场景中的魅力做何评价，包括随意的性关系和婚姻关系。

我们发现，在生育力高的日子，女性认为自己比其他女性更性感、更有魅力。换句话说，高生育力的女性比低生育力的女性对自己物色对象的成功率更有自信。

我们将在下一章看到，在外部观察者眼中，高生育力的女性比低生育力的女性更有吸引力。因此，女性似乎知道局势会在何时扭转。

图 5.3　女性在低生育力时和高生育力时所画派对着装的对比

　　　　　　　　　　　　　　雌激素：关于情绪、陪伴与爱

为什么连好女孩也会与坏男孩调情

如果女性在生育力高的日子会选择更为暴露的衣服，那么她们也会选择用更为挑逗的方式与男性交流（也就是调情）吗？曾在我们实验室实习的斯蒂芬妮·坎图发明了一种聪明（或许也有点儿狡猾）的研究方法，来调查排卵是否会影响这类行为。[12]

女大学生在生育力高和生育力低的日子要向实验室汇报每次与两名男性互动的情况。他们被告知要参与一项研究，主题是"男性同卵双胞胎如何与潜在交往对象交流与互动"。她们还被告知，由于陌生人第一次见面可能会紧张，所以他们要通过视频界面在线聊天，而不是亲自碰面。想象一下与相亲对象视频通话的样子，你就明白了。

但这里有玄机。每次见面时，所谓的"双胞胎"其实根本不是双胞胎，而是一个扮演两个不同角色的演员：对社交很自信且占主导地位的性感男士，以及更体贴可靠的好爸爸型男士。（另外，女性参与者与"双胞胎"之间也没有进行真正的实时互动：那位演员早就录好了性感男士/好爸爸型男士的逗趣台词。通过一点儿视频剪辑手段，研究者让女性参与者相信，与她交谈的男性就在隔壁，正通过他的视频摄像头仔细观察她的反应。）

性感男士和好爸爸型男士都问了同一类"想要了解你"的问题——"向我介绍下你自己"和"你有什么爱好"之类的开场白。但他们展现自己的方式非常不同。性感男士给人的印象是有主导性、爱逗乐、有个人魅力，可能还有一点儿不可靠；没那么有进攻性的好爸爸型男士表现出善解人意的性格，还表现出对家庭生活和长期关系有兴趣。每名女性总共有四次会面：两次在高生育力时，两次在低生育力时，每次她都以为自己在跟双胞胎兄弟相继视频聊天。接下来，她会被问起她将这些男性作为潜在伴侣的兴趣，然后，她这四次互动的视频被播放给一群打分者观看，打分者并不知道这名女性是处在高生育力还是低生育力的阶段。

在低生育力阶段，女性将每名男性当作潜在短期对象（也就是只为做爱）的兴趣几乎相同。换句话说，女性与性感男士和好爸爸型男士约会的概率一样大。但在高生育力阶段，女性对性感男士的欲望飙升，而对好爸爸型男士的性欲低得多。毕竟，性感男士通过自己的主导行为展现了好基因，把他的"双胞胎兄弟"甩开了好几条街。（尽管"双胞胎"很可能所有的基因都一样，但女性并不这么看——她们看到的是，一个人展现了更性感的品质，而另一个人没有。）

此外，这些独立的视频打分者不断注意到，当女性处在高生育力阶段时，她们会对性感男士做出更多调情行为。（在低生育力阶段，女性与两者的调情程度没有显著差异。）

我们不断看到，发情期似乎提供了一种激素策略，可以令女性变得极为挑剔。

○第二局：刻薄的女孩还是明智的女人？

经常会有一种顽固的老套说法认为，女性在表达立场时自私又精明，更有甚者认为，她们很恶毒。其实她们很可能因为"过于友善"而被指摘，也就是说，当事态恶化时，她们才是受到他人碾压的人。不过，女性在与异性竞争时可能会犹疑不决，但就如前文讨论的，尤其是在物色对象的体系中，无论竞争的目标是不是配偶，女性之间确实会相互竞争。

一群研究者思考了女性激素变化在同性竞争中的作用，包括女性想要对竞争者"去人性化"的念头。[13] 如果女性在高生育力阶段更有与同性竞争的意愿（包括自我感觉更有魅力），或许在这一阶段，她们也在转变自己对其他女性的看法，以某种方式将她们去人性化，从而视其为"敌人"。毕竟，与你喜欢的人或者像你一样的人竞争是很难的。另外，如果你把对手看作"他人"，甚至看作"非人"，那么向对手开战就容易多了。

在调查中，研究者让处于高生育力阶段的女性给三组人确定描述性的词语：男性、老年人和其他女性。她们被要求从下列清单中为每组人选择 8 个词语。（研究者故意选择了一些"与动物相关"或"与人相关"的描述性词语。）以下是他们给女性被试提供的 20 个词语。

妻子	宠物
少女	杂种
女人	纯种
人	品种
丈夫	野生动物
人类	动物
人民	幼崽
百姓	生物
男人	野化的
市民	野生的

研究者在复查结果时发现，参与者使用了更多与动物相关的词语去描述其他女性，而用更多与人类相关的词语去描述男性和老年人。结果

表明，当女性处于高生育力阶段，也就是最有竞争心理的阶段时，她们会除去对手的人类身份，将对方想象为非人的"生物"、"动物"或"杂种"。虽然听起来很残酷，但这样可能会使她们更有竞争力。你是愿意打败一个"人类"还是战胜一个你认为"野化"的东西呢？

我们不可能知道女性被试在考虑描述这三组人时心里在想什么。"男性"可以是丈夫、男朋友、儿子、兄弟或父亲，"老年人"可以是虚弱的老妇，而"其他女性"可以是朋友、姐妹、女儿、母亲、伴侣的疯狂前女友或暗箭伤人的女同事。但女性有理由为其他女性选择最为去人性化的词语，而原因不可能仅仅是某种每个月从好女孩到坏女孩的变化。高生育力促使女性表现得更有好胜心。这一定与赌注最大时"女人吃女人"的择偶事业有关。

·第三局：女性为什么不愿意分享——是吝啬还是策略？

我们看到，处于高生育力阶段的女性可能会为了能满足自己发情期欲望的男性而相互竞争。但她们的竞争似乎是为了一些基本的资源，而非仅仅为了配偶。

女性在玩"最后通牒游戏"时会出现争夺资源的同性竞争。[14] 最后通牒游戏是一种用来研究人类合作的常见方法。在最后通牒游戏中，一个人是"提出者"（分享资源的一方，通常资源是钱），另一个人是"回应者"（"赠予"的对象，这个人会说"我愿意接受"或"不用了，谢谢"）。如果回应者拒绝了对方提供的东西，那么两方都会"输"，也就是说，提出者和回应者都得不到赠予物。我们假设赠予总额为 10 美元。提出者可以给回应者一半的钱，每人都得 5 美元（看起来很公平）。现在，我们假设提出者只给 1 美元（虽然更自私，但或许值得尝试为自己拿到更多钱，或者仅仅为了在游戏中剥夺对方的钱）。回应者可以拒绝这份蝇头小利，那么两方就都得不到一分钱。如果你是提出者，那么关键在于你要分出一份足够少的钱，好让自己多赚一点儿，但也不能少到让回应者拒绝你，那样的话，你们俩都会两手空空。

女性会因为自己所处激素阶段的不同而向其他女性提供不同的资源吗？我在加州大学圣巴巴拉分校的同事詹姆斯·罗尼和他的学生阿达尔·艾森布拉奇决定回答这个问题。

在一项使用最后通牒游戏的早期研究[15]中，研究者总结道，处在可育期的女性倾向于向其他女性提供少量钱财而使她们丧失高收益——当高生育力的提出者遇到漂亮女性时，此效应尤为明显。有一种解释认为，提出者将漂亮的回应者当成了择偶时的潜在对手。（你太漂亮了，我在这时候有威胁感，所以我就不分享了——哪怕我们俩都会输，哪怕我冒着惹怒你的风险，我也要这么干。）

艾森布拉奇和罗尼在初期研究中修改了最后通牒游戏。他们给女性参与者看其他女性的照片，让她们想好一个愿意给出的金额，从 10 美元中拿出一些给照片中的女性。另外，每位参与者都要提出自己的经济要求：她希望从照片中的女性那里得到 10 美元中的多少钱。（想象一下这个过程：在我看来，你像是会接受 3 美元的那种人，所以我会给你 3 美元。至于我想要多少嘛，我希望你给我 7 美元。）在经典的最后通牒游戏中，提出者始终承担着一无所有的风险。

总体而言，结果符合早期的研究和同性竞争的其他趋势：在高生育力时期，女性愿意给予的钱少，要求得到的钱多。此外，女性似乎将竞争的矛头指向了漂亮的女性。在早期研究中，低生育力女性更配合漂亮女性（以及英俊男性），而非相反。但在最有可能怀孕的高生育力阶段，女性会想要扣留资源，不让给潜在的对手，即使这意味着她们自己什么也得不到。

发情期的部分进化是因为女性在高生育力阶段对货币资源的竞争——这种说法可能有点儿冒进。我的观点是，女性只是在这个阶段会更有竞争意识，毕竟，最令人渴望得到的男性是稀缺资源。而这又涉及经济竞争的领域。随你怎么想——在高生育力阶段的女性会更多地竞争，但或许只是因为她们在这个阶段有点儿更像男性吧。

○风险管理：深思熟虑的女性

我们认为男性是竞争心理更强的性别，同样，我们也认为，与女性相比，男性要承担更高的风险——确实如此。赌博时，男性比女性下的赌注更大，而且赌注不仅仅是钱。他们比女性开车更快，更有可能醉酒驾车（或者醉酒发短信），也更有可能发生致命性的车祸。（男性青少年的汽车保险费通常比女性青少年的高得多。[16]）

众所周知，女性更为谨慎（从统计学的角度看，也更为守法）。但被女性视为值得承担的某些风险，包括她们在生育力窗口期愿意承担的某些风险，在其他时候是她们不愿意承担的。物色对象会驱使女性离开家的保护，敢于走进俱乐部和派对之类的夜间社交情境，这时她可能会选择更为暴露的衣服，并与陌生男性调情，包括那些动机可能对她无益的男性。我们看到，在最后通牒游戏中，高生育力女性愿意承担失去资源和激怒对手的风险。当然，物色对象的最终结果，也就是性行为，本身也有风险。

然而，高生育力女性对于风险似乎也更具策略性。虽然女性有出去转悠的冲动，但有证据表明，要为调情行为和更短的短裙负责的激素可能也会提高女性的自我保护意识。

·黑暗的小巷

物色对象所涉及的危险包括性掠夺，但处于发情期的女性似乎早就准备好了避免这种事情。英国朴次茅斯大学的戴安娜·弗莱施曼领导一群国际研究者做了一项调查。他们仔细研究了处于排卵期的女性似乎矛盾的行为，以及激素波动在女性避免性侵时是否起了作用。[17]

此前的研究显示，处于排卵期的女性很少会做出可能提高性侵风险的行为，比如从显眼的地方直接走到黑暗的小巷里，她们也会回避她们认为危险的男性。然而，高生育力女性在寻求关注时也会承担风险。回避风险和承担风险这两种发情期行为真的矛盾吗？还是说它们同时符合"女性在择偶时极为挑剔"的观点呢？

弗莱施曼和她的团队询问了女性关于多种"有风险的"行为的问题，并分析了她们的回答。她指出，在之前的调查中，研究者让女性给风险打分，往往会把大量典型的"有风险的行为"塞到同一个大分类里。比如，在公路上比较偏远的休息站停车，以及走进乌烟瘴气的街区的一家不熟悉的跳舞俱乐部，都被女性看作"有风险的"行为，但一项与物色对象无关（她开着车快睡着了，需要驶下公路），而另一项与物色对象有关（她想出去跳舞，认识男人）。弗莱施曼想要更准确地判断处于高生育力时期的女性是否会避免与潜在性侵相关的风险，而不仅仅是一般的风险。

研究者给了参与者——处在高生育力阶段的20岁上下的女性——一份"风险活动清单"调查问卷，上面列出了大量的活动，这些活动她们可以独自完成，可以与一位朋友一起完成，也可以与一位短期伴侣（约会对象）或者一位长期伴侣（稳定的恋爱对象）一起完成。一项普通的活动会出现在不同的场景中，调查对象要给每个例子中活动的风险程度打分：比如，在白天出去倒垃圾——（1）单独，（2）和一位女性朋友一起，（3）和一位男性朋友一起，（4）和一位约会对象一起，（5）和一位长期的恋爱对象一起。天黑后做同样的事又是什么情况呢？女性感知的风险会升高吗？并不令人意外的是，确实升高了。因此，研究者并不是要得到某件事是否有风险的回答，他们想得到的是一个更为全面的结果。

此外，由于研究的目的是弄清月经周期对性侵风险的影响，研究者问了同样的女性，她们觉得某些情境更有风险或者更能引发恐惧的原因。比如，在黑暗的停车场上别人的车或者独自在夜里搭公交车会引发恐惧，那是为什么呢？当参与者处在生育力高峰期的时候，她们提到自己害怕遭到强奸或性侵而不是遭遇偷窃或与性无关的骚扰，并且她们提到这点的频率高于处在低生育力阶段的女性。

女性认为风险最高的场景是她们"独自一人，或是在朋友或亲戚的陪同下与陌生人互动时"。在远古时期，比起一名年长的女性，一名年轻又有生育力的女性如果遭到强奸和被迫怀孕，很可能会失去更多。如果让她怀孕的男性不是她自己选择的，那么他很可能没有她想要的健康基因，而有一个年幼的孩子可能会终结她其他珍贵的择偶机会。

弗莱施曼的研究同此前的研究一样表明，当女性处在生育力高峰期，受孕概率较大时，她们在与择偶不相关的行为——包括在黑暗的小巷里行走——方面会更为谨慎。

·危险的陌生人

高生育力女性在寻求男性的关注时，似乎倾向于避免将自己暴露于危险关注下的活动。但如果她们无法避免风险，遇到了性掠夺者的实际威胁，会发生什么呢？

有一项备受争议的研究让女性握着手持式测力计（测量握力的装置），一边读有关性侵威胁的故事。[18] 故事涉及的情境有：女性在夜里独自走向自己的车，感觉有人在看着自己。研究称，处在可育期的女性握力更大，表明感到威胁的可育期女性的体力会出现小幅增加，能够抵御性强迫（可育期女性的睾酮水平也有小幅增长）。虽然如此，及时用膝盖顶对方的裆部（在每个月的任何时候都要见机行事）比起有力的握手，可能是更有价值的自卫技能。

当女性面对有威胁性的男性，感到无力招架时，有证据表明，她们对某些男性的视觉感知会发生改变，而当女性处于高生育力阶段时，这些改变似乎更为明显。[19]

在一项有 600 多名女性参与的调查中，研究者给她们看了两名男性的"入狱照"，说其中一人犯了逃税罪，另一人犯了严重伤害罪。（这些男性都不是真的罪犯，入狱照也不是真的，而是其他男性的合成照片。）女性也看了不同体形的男性侧影（脸被遮住），包括矮的、瘦小的，以及高的、肌肉发达的。女性被要求使用这种参考标准，猜测两名"罪犯"的体形。

女性参与者还填写了问卷，给自己对不同罪行的恐惧程度打分，例如抢劫、偷车和性侵。另外，研究者收集了数据，了解她们处在月经周期的哪个阶段。

结果显示，当受孕概率最大时，最害怕性侵的女性猜测暴力犯罪者比逃税者体形更高大、更强壮。这似乎不符合女性在发情期对性感男士的偏好，但这里的语境很重要。当女性被告知可能的性侵危险（并且她有能力自由选择伴侣）时，大块头的男性并不是最有吸引力的。调查结果符合前文提到的概念，即女性一般对风险很谨慎，具有某种内在预警系统。而在高生育力阶段，这套系统是全副武装的。

·恶心因素（或者"我能问问我妈吗？"）

发情期可以帮助女性规避某些类型的风险，并且——即使生孩子不是目标——能让她关注到物色对象的奖励：好基因。然而，女性在可育期经常会遇到极糟糕的基因来源，而表面上看这些男性——她们的父亲——并不具威胁性。讨论人类近亲繁殖的风险并不容易（相信我，多年来我在讲座中讨论这个话题，大家总会非常尴尬）。但这是发情期论题的一个重要部分。女性在生育力高峰期会像回避黑暗小巷和危险陌生人一样，回避这类来自男性亲属的风险吗？

多年来，我做过和记录了很多调查，我把其中我最喜欢的一项——虽然有点儿恶心——叫作"电话研究"。[20] 我与我亲爱的朋友德布拉·利伯曼还有我带的第一个研究生伊丽莎白·G.皮尔斯沃思一起，试图了解"避免近亲繁殖"是不是人类发情期的特点。科学家在对猫、马、田鼠、老鼠等动物的研究中观察到了这种回避现象。

雌性在发情期会回避雄性亲属，这从进化的角度看非常合理——近亲繁殖的后代往往不健康，有着更高的死亡率。有害而罕见的隐性基因的性状很少会表达出来，因此会隐藏于基因组中。通常两个隐性基因在遗传给后代后才能表现出性状。家人之间的基因大多相同，有害的隐性基因也相同。于是，在漫长的进化中会出现明显的筛选，让物种发现自己的亲属，避免与之交配。（因此，人一想到近亲繁殖就会感到极为恶心。"呃！哎呀！跟我哥哥接吻？我无法相信你们这些古怪的心理学家竟然会问我这种问题！"[21]）在非亲缘配偶中，来自一位亲代的"好的"显性基因很可能会覆盖另一方"差的"隐性基因，使后代更为健康。

可能在免疫相关方面也会有好处：非亲缘父母各自拥有与免疫相关的不同基因，因此可以将更为广泛的免疫力传给后代。

但是如何测试人类避免近亲繁殖的问题呢？这有可能操作吗？我们从其他研究中了解到，在生育力高峰期，女性对乱伦或人兽性交的恶心感会增加（这种恶心感是一个假设的事实，它在可育期确实会增加）。不过，那些研究并没有调查女性是否会努力在发情期回避男性亲属。于是，我们的电话研究诞生了。

手机上的电话记录可以保存一个月，与一个月经周期大致相同。我们想：好方便啊！我们研究的参与者是加州大学洛杉矶分校的女大学生，她们提供了她们的手机话费账单以及关于自己月经周期的详细信息。话费支付信息被仔细地逐项记录下来，我们可以看出参与者打电话的对象是她的母亲还是父亲。

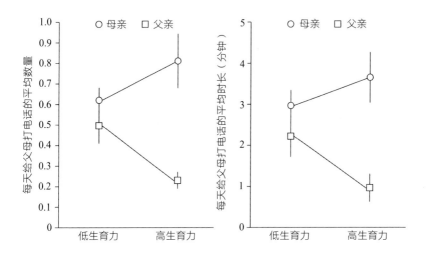

图5.4 左边是女性给母亲和父亲打电话的数量，右边是女性接母亲和父亲电话的时长。坐标图显示，在高生育力时期，女性给父亲打电话更少（给母亲打电话更多），在父亲打来电话时挂电话更快（与母亲打来电话相比）

在高生育力时期，女性打电话给父亲比较少，如果父亲打电话来，她们挂电话也会更快。我们看到参与者与母亲的通话模式正好相反——在高生育力时期，她们与母亲打电话更多，聊天的时间也更长。研究证实了之前在非人类的雌性动物身上观察到的现象：处于发情期的女性确实会避开可能导致做出糟糕繁殖决定的男性。

我们的研究发表在心理学领域最好的实证杂志《心理科学》上，但没有像我其他的论文那样被多次引用，或许是因为"女性会避免近亲繁殖"的假说确实令人感到不舒服。很难相信近亲繁殖会发生，而且鉴于女性一般会主动地避免这种事，我们的数据隐含着一层意思，即男性对与近亲发生性行为更为麻木，在某些情况下甚至可能会主动令其发生。（研究发表时，我很激动。我认为研究方法很聪明，研究结果看起来也很纯粹。但我却不想让所有的亲戚对此大惊小怪。他们会说："太尴尬了！"）

可能会令一些读者感到宽慰的是，有一种更容易接受的理论可以解释传统父女关系中的女性行为：或许在可育期，女性想要摆脱父亲对自己交配行为的控制。（爸爸，看在能保证好基因的分儿上，别说教了。）

有些话题，相对于父亲，女性更喜欢跟母亲聊，比如谈恋爱的话题，而在高生育力阶段，这些与物色对象相关的话题可能会出现得更多。我们也从研究参与者那里收集了她们与父母关系的信息。只有称与母亲关系近的女性才会在高生育力时期增加与母亲通话的次数与时长。而称与父亲关系近的女性并没有增加与父亲通话的次数和时长；实际上，她们与父亲的通话时间减少了。

虽然我们的电话研究会引发所有人的反感，但它只是反映了聪明的女性通话的实际情况——以及女性的激素智慧。

对于女性竞争和风险管理的研究，质量参差不齐——有人研究这个，有人研究那个，通常样本量太少，没有激素测试，数据杂乱。虽然指导研究的理论符合女性发情期的大体原则，但我还有一个疑问，即我们的结论是否经得起科学的检验。然而，我的实验室有一位来自法国的博士生若尔丹·布德索尔，他在一份元分析中汇集了关于风险管理的结果，包括未发表的结果。[22] 他使用了多种方法去纠正可能会引起误解的因素，例如已发表研究中的偏见（似乎有一些有趣的东西）与未发表研究中的偏见（通常看起来没有什么特别的）。他发现，当把研究发现并置时，它们是站得住脚的。这点让我非常欣慰，但我仍认为，我们有必要理解女性生活的重要方面，例如她们如何竞争资源，如何避免性风险，因此这些领域需要有更多研究。

物色对象可以令女性踏上征程，生存与繁殖的抉择被压缩到一个月只有几天的短暂窗口期里。处于发情期的女性要决定如何度过自己的时间、去哪里、去找谁——这些选择在一个月中的其他时段有着不同的面貌。她们可能会做出一些我们往往觉得与男性气概有关的行为，如竞争和冒险，但她们会更为谨慎（尤其当她们觉得脆弱时），也会更适应可能威胁到自己获取好基因的风险。

高生育力时期的物色对象行为是可以被观察到的，像是调情和着装风格，它们可能成为让他人了解到女性在周期中的生育力状况的线索。这些线索并不能绝对准确地表明即将到来的排卵日，因为还有很多激素状态之外的因素影响着交配动机，但线索是存在的。其他人或许还能发现女性身上的其他潜在变化，而这些变化并非明确地与女性的交配动机相关，很可能是不受女性自主控制的——像是女性的气味、声音和脸部的变化。你很快会了解到，这些变化在女性与现阶段以及未来的对象互动时会起一定的作用，或许它们就像穿上短裙去跳舞那样重要。

CHAPTER 6

The (Not Quite) Undercover Ovulator

第六章
卵子经济学：
排卵的隐秘智慧

下次去动物园时，请务必观察一下人类，尤其当你看到我们的灵长目动物亲戚黑猩猩和红毛猩猩时。注意人类对这些动物的反应，特别是当雌性表现出它们的激素状态时：灵长目动物在高生育力时期（前后），生殖器会变得颜色鲜亮且肿胀，雄性认为这一特征很有吸引力。一些人，尤其是孩子，会对这种特有的"表现"做出意料中的反应。

"妈妈，它屁股上那些红红的是什么东西？"

"噢，它只是很快乐而已！过来，咱们去看长颈鹿宝宝吧！"

我刚开始研究人类的发情期时，流行的观念是，女性不会展现任何外部的生育力迹象，或者说"排卵信号"。相比之下，大多数动物似乎对自己准备交配和怀孕完全没有藏着掖着。我在给研究生上排卵信号的课时，放了一些内容为粉色和红色的肿胀性器官等的幻灯片，他们大概与动物园的某些游客一样，宁愿去看别的展品。讨论起人类当然没有这种特征时，他们才松了口气。但人们对肿胀性器官的陌生画面的反应证明了一个重要的事实——每个人眼中看到的美各不相同，或者，就像我们这个时代最杰出的进化思想者之一、人类学家唐纳德·西蒙斯所说的那样，"每个人的进化造成了对美的不同理解"。因此，一个物种眼中具有性吸引力的排卵信号不一定与另一个物种眼中的一样，而人类没有性器官肿胀并不代表我们没有排卵信号。

过去几十年里，我们发现女性有一些行为似乎的确与她们的激素阶段有关，比如在高生育力阶段，她们会选择性感而暴露的服装，并在梳妆打扮上多费心思。甚至人们都知道，当排卵期临近时，女性喜欢穿红色和粉色的衣服[1]，就像我们的动物亲戚会有规律地展示相同的颜色一样（确实如此，只是它们更明目张胆）。

这样的装饰，以及女性变得更爱社交、更爱调情、面对同性更有竞争心理、会有选择地冒险（我在第五章提到过）都是物色对象行为的标志。但在女性的自主意识之外，还运作着一套可能的排卵信号（并且很可能不受女性的控制）。这些信号很微妙，很可能比我们动物亲戚的信号更难以觉察。某种我们尚未发现的原因使女性进化出了近乎保密的生育力状态，但我们会看到，如果你懂得如何寻找，其实排卵信号一直都在。

○气味信号：浓到足以让男人觉察，但来自女人

你知道秘密牌体香剂的老广告吗？"浓到足以让男人觉察……但是给女人用的。"这句广告语是对激素智慧的一种不太聪明的改写。排卵信号的传输途径是女性的体味——女性发出的微弱气味，但浓到足以让男性觉察。

在平均 28 天的排卵周期中，激素波动会导致女性阴道的气味发生变化，而高生育力阶段的气味显然对男性更有吸引力。[2] 我们不要忘记 20 世纪 70 年代的研究者先驱（见第二章中"继续探寻发情期"一节），也不要忘记为了证实这一点而为首批研究提供气味"样本"的女性。（不过，我们还是忘记"女性"除臭喷雾"让下面更清新"的发明者吧。这种产品首次出现在 20 世纪 60 年代末，幸运的是，《我们的身体，我们自己：美国妇女自我保健经典》众多版本中的第一版那时很快就要问世了，虽然没有消除偏见，但帮助减少了当时流行的对"下面要干净"的执念。）

雄性更喜欢高生育力雌性的气味，以至于将动物模型抹上发情雌性动物的气味后，有些雄性动物，如猫、狗、仓鼠、猴子和牛，会试图与其交配。尽管仍然有人不愿承认我们与动物存在共性，但说到动物行为，

有明显的证据表明男性也喜欢高生育力女性的气味。不只是 20 世纪 70 年代的卫生棉条研究，其他的研究都能证明这点。

但很多此类早期的人类气味研究规模很小，没有用准确的激素测试去追踪女性的生育力情况，也就是仔细地测试当下的尿液、血液或唾液以及体内特定激素的水平，比如黄体生成素或雌二醇（雌激素）。如今，任何人都能去药房买到非处方的排卵试剂盒，追踪黄体生成素的峰值和精准的生育力高峰。但几十年前，测试手段没有如此方便获取，仍需要改进。

确定女性生育力情况的一种常见方法曾是——在某些情况下仍然是——让研究者简单地询问其上一个月经期的时间，假设她的排卵周期是 28 天，然后倒数估算排卵日。除非女性对自己的月经期有着细致的记录，排卵周期正好是 4 个星期，并且第 14 天是雷打不动的排卵日，否则依靠记忆和数日子得到的数据是很不可靠的。

最好不要靠女性自己提供信息和估算，而是通过测试特定激素的存在和水平来收集准确的数据。我和我的学生想调查气味作为人类交配行为中的排卵信号的重要性。但我们想采用更为严谨的方法。

于是我们收集了女性腋窝的气味并装瓶。[3]

○臭 T 恤：并非男人的专利

科学表明，女性稳定的恋爱对象在她排卵周期的某些特定时间可能觉得她阴道的气味比平时更有吸引力，不过，除非他非常留心日历（并且沉迷于珍·古道尔系列影片），否则他不大可能意识到女友对自己的吸引力是与排卵日的临近同步递增的。但激素是在全身游走的。如果激素影响了阴道的气味，那么它一定也会影响全身整体的气味。这些气味在日常生活中可能更容易察觉，尤其对与女性同床共枕的男性伴侣而言。

那么在实验室中的情况如何呢？女性会通过体味发出微妙的排卵信号，连陌生人都能察觉吗？与前人的研究一样，我们收集了女性在高生育力和低生育力时期的气味样本，并要求不认识这些女性的男性对此打分。但我们的操作更严格，有时还不失幽默。

我们的"气味捐献者"是没有吃避孕药（避孕药会干扰正常的激素水平）和不抽烟的女大学生。由于烟味总是会沾染在物品和人身上，为了避免样本受到污染，我们排除了吸烟人士。除了向女性询问她们的排卵周期长度和规律，我们还测量了她们尿液样本中的黄体生成素，确定了高生育力和低生育力的状态。之前探讨周期时，我将黄体生成素称为蹦极选手，因为它会在排卵之前 24 或 48 个小时内攀升，并随着生育力窗口期的结束而陡然下降。据估计，检测尿液中黄体生成素的方法的准确率约为 97%，因此是一种比算日子更可靠的测排卵方法。

为了收集特定的高生育力和低生育力时期的气味样本，我们要求女性在腋下放 24 小时纱布，然后将样本交给实验室。我们并不是把纱布递给她们说，"喏，把这个贴在你的腋窝下面"，而是在预期的高生育力和低生育力阶段之前大约 3 天，让她们来到实验室，我们仔细地交代她们如何将纱布粘在腋下，让纱布与皮肤保持接触。另外，我们要求她们严格遵守"清洗"方式：用无香型洗衣液洗涤床单和衣物，不使用有香味的洗发水、润肤液或香皂，显然也不能用除臭剂、止汗剂或香水。（这听起来很像第二章里史蒂文·冈杰斯塔德和兰迪·桑希尔要求的"臭T恤"研究规范。我发现加州大学洛杉矶分校的学生过于喜欢用果香型和花香型的洗浴用品洗澡。）

在 24 个小时期间，我们强烈禁止她们有性行为、服药或看摇滚乐队演出：不许与别人进行性活动；不许与散发体臭的男友或宠物睡在一张床上，防止污染样本；不许使用烟草产品或服用消遣性药物；不许喝酒；不许去有浓烈气味的地方闲逛（如果朋友在公寓里点烟、焚香或抽水烟，不要过去；远离烟味弥漫的酒吧和派对）。最后，我们要求她们不要吃味道冲的食物，如大蒜和意大利辣香肠。这意味着她们不被允许吃比萨。

　　过了 24 个小时完全不像正常大学生过的日子后，这些女大学生取出纱布，放在密封的塑料袋里，交给了实验室。我们一收到样本，就立即将它们冷冻起来，在零下 17 摄氏度冷冻了大约 3 周，以保存气味，直到打分时刻来临。我们也询问了参与者，确认她们都遵循了指示，确定她们没有参加可能影响体味的剧烈运动。最后，时间到了，我们从冷冻箱取出样本，叫人过来闻。

　　男性打分组主要是其他大学生。我们再次排除了吸烟者。吸烟者有"嗅觉缺陷"（嗅觉很差）的概率是不吸烟者的两倍，我们希望选择鼻子灵敏的男性。安排打分环节时，我们将样本放在室温下的小塑料瓶中，将每名女性在高生育力和低生育力时期的样本分别放在不同的瓶子里。（还有第 3 个瓶子，里面装的是同一名女性的样本，是从高生育力或低生育力时期随机选择的。）

　　每名男性都分到 3 个瓶子，并被要求对着每个瓶子"狠狠嗅一口"，然后对气味打分。他们并不知道自己这组瓶子中的 3 个样本来自同一名女性。我们让参与者根据气味的好闻程度、性感程度和浓烈程度打分。我们也让他们基于气味猜测这位女性的外貌，分数从 1 到 10，1 代表"非常不性感／非常不好闻／非常不浓烈／外表非常没有吸引力"，而10 代表"非常性感／非常好闻／非常浓烈／外表非常有吸引力"。

　　结果……最高分属于高生育力阶段的样本。男性更多认为高生育力时期的气味比低生育力时期的气味更好闻、更性感（并且没那么浓烈），他们猜测高生育力时期的气味捐赠者外表更有吸引力。他们认为低生育力时期的气味不太令人愉悦。

这些结果证明了我们从动物研究和对人类排卵信号的有限研究中得出的理解：男性能觉察与排卵同步出现的气味信号，并认为其更有吸引力。我们还确定了一点：并不是只有性伴侣才能察觉这些信号。其他男性（或许还有其他女性）也能注意到这些信号，至少在近距离和体味没有受到其他气味污染的情况下是这样的。

对于女性来说，认为她们有吸引力的不只限于她们的稳定伴侣。我认为稳定伴侣是能通过气味察觉排卵变化的主要的人群，但我不否认女性有可能通过气味信号吸引其他潜在的伴侣。

○当男性终于得到信号时：男性的反应

人类的排卵信号，如女性气味的变化，并不明显，并且只有部分男性才能察觉到。（气味信号如此微弱，可能存在进化的原因，也就是说，并非所有男性都能发现，之后我会说到这点。）说得明白些，有生育力的女性并不是每隔四个星期就会群发有关自己激素的消息："各位，我要排卵了！"哪怕是成功察觉到信号的男性也无法破解其中的含义（除非他使用生育力跟踪应用程序，但只限于他和自己的伴侣之间）。他的脑子想的不是："她在可育期！后代！叮，叮，叮！""危险！危险！避孕套！"他想得更多的是："嗯，我喜欢她。"

我的研究表明，处于生育力高峰的女性此时感觉自己的外表更有吸引力，有恋爱对象的女性称自己的男友或配偶在生育力窗口期更有可能表现出"配偶守护"（变得更容易嫉妒和有占有欲）。[4] 但这些研究都基于女性对自己伴侣行为的报告。或许认为自己的性吸引力触发了伴侣的嫉妒和占有行为，只是女性单方面的认识。或许女性在高生育力时期注意到了其他可能的伴侣，因此对自己伴侣的行为有了不同的解读，觉得把胳膊搭在自己肩膀上是一个占有的动作，而不是一种爱的表现。我们想要在实验室中用理性的方式测量男性对伴侣的行为，看看当伴侣处于高生育力时期的时候，他们的配偶守护行为是否与早期研究中女性的说法一致。

○为了科学慢舞

作为在一所大型大学里拥有实验室的科学家，我可以确定的是，为研究寻找参与者时，找女大学生比找愿意来的男性一般容易得多。（顺便说一下，有研究者观察到，处于高生育力时期的女性更有可能主动参与研究——或许因为她们感到焦躁不安，想把精力投入某处，不过我的实验室还从未让女性去跑步机上跑步！）在这次的研究中，我们需要的是成对的情侣。我们知道男性更容易被高生育力女性的气味吸引，但这些气味包含的激素信号会触发他们的配偶守护行为吗？我们希望女性能劝说她们的伴侣参与研究，幸运的是，她们做到了。

"挑战假说"在动物研究中很有名，研究者会观察雄性动物在配偶的高生育力时期面对竞争对手所做的行为。在雄性动物（从鸟到灵长目动物）中，睾酮水平出现增长的情况有：（1）雌性处于高生育力时期，（性行为）逐渐活跃；（2）雄性对手前来挑战，（打斗）逐渐激化。我们好奇挑战假说在人类中是否也成立，于是想出了一个检验假说的方法——当然，性和暴力是要排除的。我们的研究[5] 是在男性和女性中检验挑战假说的第一次直接尝试。

我们让每对情侣在女性的高生育力时期和低生育力时期分别来实验室一次，并发明了大量让双方每次一起完成和分别完成的活动。首先，我们要测量黄体生成素来确定女性的生育力状态，并通过唾液测量男性的睾酮水平（这是一种标准且可靠的测量方法），测量的 3 个时间点分别是：到达实验室时，活动之前，以及活动之后 15 分钟。

每次，在收集了初始唾液样本，确定了睾酮的基础水平后，双方要先拥抱 10 秒，然后完成"情侣互动"任务。

在第一个任务中，情侣要从我们提供的音乐播放表中选择一首歌，然后慢舞。任何八年级的男孩都会证明，慢舞是一种闻女孩脖子的好办法，也是一种了解女孩的方式，这正是我们希望男士做的事——接触伴侣的生育力信号。[6] 慢舞结束后，我们要求他们拍一些"可爱的情侣照"，是大头贴风格的（希望他能继续接触对方的生育力信号）。

要记住，他们是稳定的情侣，因此他们所参与的活动对于任何情侣来说相当正常，即使这是在实验室而非在家开展的活动。我们给了每对情侣完成情侣互动任务的隐私，将他们安置在实验室的隔间里并关上门。这些小空间里只有一张书桌和一把椅子，但这就是我们要的效果！

实验室的约会完成后，我们将情侣分开，从男性那里提取了第二份唾液样本。接着，我们给男性看了另外 10 名男性的照片和生物信息，他们属于两个不同的类型之一："高竞争力"的猛男或者"低竞争力"的弱男。

我们现在检验的是挑战假说的"挑战"部分：我们希望男性参与者将另外 10 名男性当作对手。为了达到这个目的，我们告诉他，他的女朋友此时也在看同样的照片，给这些男性的吸引力打分，我们说这些男性也都是加州大学洛杉矶分校的学生。给你描述一下我们的高竞争力和低竞争力男性对手的样本：一个方下巴的家伙（毫无疑问，长相非常对称）称自己是其他人的领导，总是被要求去"竞选这个或那个职位"。而他那个圆脸的兄弟在自己的简历中说，他更喜欢"退居幕后"，有一种"人善被人欺"的特质。

男性参与者给照片中男性的竞争力、主导性和外表吸引力打了分。并不令人意外的是，参与者将猛男评为真正的竞争对手，而认为弱男的威胁性很低。当他们完成最后的任务后，我们采了第三份唾液样本。

于是，为了在人类中再现挑战假说的实验，我们收集了：（1）男性参与者睾酮的基础水平；（2）男性参与者通过亲密的情侣互动接触排卵信号后的睾酮水平；（3）男性参与者看到潜在男性对手后的睾酮水平。我们在情侣中的女方处于高生育力时期和低生育力时期的时候，让情侣来实验室两次。

我们预测，以男性在伴侣高生育力时期的睾酮基础水平为准，当他们接触高竞争力的男性对手后，他们的睾酮水平会上升，而这确实是我们看到的结果。看到高竞争力男性的男性参与者对潜在对手表现出了睾酮方面的反应，这种反应比男性面对处于高生育力时期（相较于低生育力时期）的女性的反应还要大。接触中等竞争力男性对手的男性在伴侣高 / 低生育力时期没有表现出这样的差异。

当你看到我们的研究结果时，很明显的一点是，我们很难忽视我们的动物本性，尤其难以忽视进化的事实。虽然男性无法只看一眼就从人群中挑出正在排卵的女性，但人类之外的雄性却进化得可以察觉和应对排卵信号，既是为了繁衍后代，也是为了避免竞争。众所周知，动物会对性器官肿胀等明显的信号有所反应，但气味之类微弱的排卵信号在达到同样目的方面显然也起着重要的作用。

我们的研究表明，曾经被认为在人类身上完全隐秘的排卵信号，常常会因为激素的波动而被女性释放，并被男性察觉。事实是，其他女性也能察觉。

男性也"受激素左右"

我们并不认为男性同女性一样有着激素周期，但实际上他们的睾酮水平确实每天都会波动。对男性而言，睾酮水平在清晨最高（举个例子让你更明白，那就是闹钟还没响，你已经感觉被人戳醒）。之后睾酮水平几乎会立刻下降——在醒来后的30分钟内下降至少60%。[7]睾酮在男性的生理中扮演着重要作用，比如维持肌肉和性欲。因此排卵信号可能会影响睾酮水平。

为了验证这一点，在一项开展于墨西哥的研究中，男性给处于低生育力时期和高生育力时期的女性的腋下和外阴气味的吸引力打分，并回答了关于他们的性欲的问题。[8]低生育力时期的气味引发了睾酮水平和性欲的下降，而高生育力时期的气味引发了睾酮水平的上升，以及对一些问题的肯定（"当然"或"非常"）回答，问题包括："你此刻想进行性行为吗？""如果你此刻要进行性行为，你会表现得多'饥渴'？"的确，欲火焚身。

睾酮会带来好处，但与进化中的一切情况一样，也存在弊端。男性在面对交配机会和威胁（像在挑战假说研究中那样，受到社会环境的触发）时，睾酮水平需要升高。但如果男性进化后，在白天和夜晚都有易激发攻击性的高水平睾酮，那他们会与其他男性发生更多不必要的冲突，很可能对自己的孩子也没那么感兴趣了[9]（女性可能也不会获益）。这可能是男性在早晨起床冲向世界之前睾酮水平偏高的原因，因为一整天里他们可能会遇到各种麻烦。男性需要睾酮维持自己的男性特征，但他们在日常生活方面并不需要持续高水平的睾酮。

调节睾酮是一种策略——男性同女性一样，拥有激素智慧。

○女性的气味——以及感觉：女性对女性的反应

能察觉其他雌狒狒排卵信号的雌狒狒会变得极有攻击性，甚至会与其他雌狒狒发生致命的冲突。它们专门对付高生育力雌性，或许是因为它们要竞争拥有好基因的雄性。当然，有生育力的雌狒狒有的不只是泄露自己秘密的气味信号（参见前文关于肿胀的外生殖器的内容）。有证据表明，气味也是雌性之间交流的一种有效渠道。

我们的研究证明，男性可以接收到女性的排卵信号，考虑到非人类灵长目动物的行为后，我和我的学生思考的是女性能否同样察觉女性的排卵信号。[10]

如之前的气味研究一样，我们再次收集了女性的体味样本，让参与者于确定的高生育力时期和低生育力时期在腋下放纱布，并且遵照同样的无味规范，"住处不能有臭味"。不过，这次招来给气味打分的小组有些不一样，因为我们需要找到女性去闻其他女性的气味。

我们好奇的是，当女性有近距离接触其他女性的经验时，她们是否会敏感地通过气味察觉其他女性的周期变化，因此我们在当地（非常活跃）的同性恋大游行中设置了一个咨询处，招募参与者。参与者是一个多元的群体，有不同的性倾向，包括女同性恋、双性恋和异性恋。

同时，我们在游行点设置了一个迷你展示实验室（里面有真实的样本），开始尝试就地做研究，希望从路过的女性中收集数据。我们做了最终会在学校实验室里做的事：我们要求女性去闻没有标记的高生育力时期和低生育力时期样本，给它们打分——"非常"好闻、性感或浓烈，或者"不是非常"好闻、性感或浓烈。

作为一个喜欢大数据的科学家，当我看到某个地方聚集着潜在的研究参与者（比如一场人山人海的游行，里面有很多热情的女性）时，我总会忍不住尽量多地与她们交流，但是……由于大部分气味打分者所嗅到的是大量"彩虹色的"气味，可以说，这些数据是混杂的。我们的临时实验室可以有效地招募来校园实验室参与研究的女性，却无法控制当天的龙舌兰和食物色素的数据。

回到实验室后，我们整理了打分，收集了结果，证实了此前基于狒狒的预测：高生育力时期的气味被评为比低生育力时期的样本更有吸引力，这与男性的打分结果一致。此外，在性多元打分组中，高生育力时期气味的吸引力也是同样的水平，这表明女性的性倾向根本不是影响因素。

排卵信号被男性察觉的目的与交配／繁殖相关，但被女性察觉排卵信号一定有其他的目的。说回雌狒狒，它们会对发情的雌狒狒表现出攻击性，那么雌性之间的信号可能会表明对手的存在。在女性祖先中，女性能察觉排卵信号可能也有类似的目的。

在一项小型研究中，嗅到其他女性高生育力时期气味的女性的睾酮水平会升高（当然，也会出现与之相关的攻击性）。而当她们闻到低生育力时期的气味时，她们的睾酮水平会下降。或许她们从低生育力女性的身上感觉到的威胁性较小。

还有其他需要考量的女性间的因素：察觉到气味信号的女性自己处

于何种生育力状态？如果她自己处于高生育力时期，并因此而随时准备战斗，那么她可能会表现得更有攻击性。她也可能会发现可育期女性的气味信号很有吸引力（除非你意识到哪些女性特别有吸引力因而具有竞争威胁，否则付出竞争的代价是无意义的）。

显然，这里存在着更多的研究机遇，有些研究将会对女性的社会关系做出更多解释。不过，当下，即使我们不了解排卵信号的具体功能，也足以确定，女性能察觉到彼此的激素信号。

激素的声音

雌性哺乳动物在发情期会发出不同的声音。奶牛叫得比平时更勤。大象会发出一种低频的"发情期咕噜声"。[11]草原狒狒会发出"交配呼唤"。

类似的是，女性的声音在高生育力时期也会被激素改变。[12]我和同事格雷戈里·布赖恩特收集了近70名女性在低生育力时期和高生育力时期的声音样本，她们都录下了以下这条简单的信息："嗨，我是加州大学洛杉矶分校的学生。"在高生育力时期，当女性快要排卵时，她们的音调会升高。在生育力高峰时（这时黄体生成素会升到排卵周期中的最高值），录音中的女性音调升得最高。换句话说，当黄体生成素水平达到峰值时，音调也会升到峰值。

在另一项研究中，给声音打分者（有男有女）认为高音调的录音比低生育力时期的录音更有吸引力[13]，或许是因为高音调被认为更有女人味。

○吻不仅是吻，那么吻也是信号吗？

激素信号可以通过感官被察觉——女性在高生育力时期的外貌、气味和声音可能比其他时期更有吸引力。我没听说有人研究通过触觉察觉排卵信号，也没人研究排卵日临近是否会导致女性的皮肤更柔软或头发更顺滑。（不过，众所周知，孕期的大量激素会触发著名的"孕妇光芒"，连头发也会变得更粗、更浓密。）那……味道会如何变化呢？我并不是真的要去探索发情期的下半身，不过，我曾经在挤得水泄不通的现场做演讲，一位有些口无遮拦的著名进化生物学家在问答环节毫无忌讳地提起了口交。（他称自己在靠近阴道口时就能明确察觉排卵情况，当时的我只能笑着说，听起来似乎挺有道理！）但我在这里讨论的是常规的接吻，说得更具体些，是充斥着激素（和细菌，这个之后说）的唾液。

气味和味道是相关的感觉，两者都会向大脑发送消息，帮助解读分子的化学信息，无论这些分子是通过空气传播的（气味）还是摄入的（味道）。因此，从气味过渡到味道去研究可能的排卵信号是合理的。对唾液作用的研究并不如对体味的研究多。然而，我们知道唾液可能传达着一些激素信息。

·流口水

眼大身小的鼠狐猴是一种原猴，原猴是灵长目动物的一个亚目。（如果你不知道这种小型哺乳动物长什么样，可以参考电影《马达加斯加》，里面可爱得不行的莫特就是一只鼠狐猴。）人类与原猴的关系比人类与红毛猩猩的关系远（猿和人都属于人猿总科），但鼠狐猴同我们一样，仍是哺乳动物，因此它们发情期的行为听起来会很熟悉。

这种夜行动物中的雌性在发情期的自发活动会增多，它们会发出气味信号并发出更多高频的颤音，在此期间也会更多地梳理自己的毛发。它们的生育力高峰仅仅持续2~4个小时，部分原因在于它们不同寻常的阴道状态：它们的阴道在排卵周期中只开放几天。（在笼中，据观察，它们的排卵周期长达58天，甚至可以长至100天。）鼠狐猴在24个小时甚至更短的时间里发出大量生育力信号，它们完全不遮遮掩掩，因为根本没时间含蓄。[14]

鼠狐猴在发情期会非常频繁地做出"用口吻部摩擦"的动作。虽然声音听起来像是在亲嘴，但摩擦口吻部不是在接吻，实际上这个动作是独自完成的，而唾液是这里的关键元素。雌鼠狐猴在树枝上（如果在笼子中则是在笼子的栏杆上）摩擦自己的嘴巴（口吻部），舔舐和啃咬其表面。这是一种标记气味的方式，不过是通过富含雌激素的唾液完成的。（鼠狐猴也会通过尿液散播气味信号，这同样能够表明激素状态。）鼠狐猴是夜行动物，因此它们会在黑暗中行动，更多地依赖信号，而不是视觉，这或许可以解释富含雌激素的唾液的作用。

唾液确实可以作为一种两性间化学交流的手段，因为唾液中含有雄性睾丸和雌性卵巢分泌的类固醇激素。（前文说过，利用男性的唾液样本可以确定男性参与者的睾酮水平。）在赤猴中，为了交配，发情的雌猴真的会边向雄猴展现红肿的屁股边流口水。科学家尚不确定它们有此行为的原因，这样做可能是在发出一种激素信号。或许唾液可以进一步确保雄猴得到信息。

· 卿卿我我

唾液作为两性间交流的一种模式，在研究中一直遭到很大程度的忽视。经典文章《灵长目动物的性行为》的作者艾伦·F. 迪克森说，由于含有激素，"唾液作为两性间的化学交流载体的潜力不应遭到忽视"。[15] 我们先不去管鼠狐猴摩擦口吻部的问题。确定的是，人类两性间通过唾液"交流"的方式是接吻。不是纯洁的蜻蜓点水，而是激烈的、深入的舌吻。

激素信号可以通过感官被察觉，而接吻涉及的是味觉，不过味觉只是其中的一部分而已。接吻本身充满感官体验，包含了视觉和气味信号、声音，以及触觉。（你一旦确定了对方的位置，就可以闭上眼睛接吻，但你不可能屏住呼吸，也不可能完全让对方保持在一臂之外。）要想做得对，接吻得是全方位的体验。

男性无法通过味觉察觉女性的不同生殖激素水平（除非他像个美食家，具有性方面的超级味觉，能真正分辨出雌激素的"鲜味"）。不过，他可以仅仅是喜欢这种味道，或者觉得这种体验很撩人，这与他更喜欢高生育力女性迷人的气味却不知其所以然是一个道理。（嗯……我喜欢这个人。）在这一点上，女性的"味道"可以被理解为一种激素信号。（值得指出的是，食物与性之间具有富含隐喻而无可否认的联系，这种联系远大于约会常常包括吃饭这件事。我们将某些异性描述为"美味"或"可口"，仿佛他或她是一块新鲜出炉的曲奇。我们想要尝一尝。）

根据我们对进化的理解，接吻似乎应该有令人愉悦和性兴奋之外的作用，或者接吻在人类历史的某一阶段有着其他目的。除了承载激素信息，唾液也含有微生物，并且数量庞大。我们知道，接吻时会发生细菌的转移，每 10 秒的亲吻会传送多达 8 000 万个微生物（想象亲热的时候，就算伴侣的吻只有从前一半的时长，你还是会得到一份微生物大礼包）。[16]

有一个理论认为，微生物的交换而不是激素的交换在繁衍健康后代的过程中起着遗传作用。主要组织相容性复合体（简称 MHC）基因如同人类的免疫系统守护者，可以发现病原体，如果有入侵者试图伪装成自体的健康细胞溜进来，MHC 能够将它们赶出去。一个人的 MHC 的基因编码越复杂越好，因为这样的话，病原体就无法轻易地模仿编码。

当两个人接吻时，他们是在交换富含微生物的唾液，而这些微生物中包含着 MHC 基因。如果他们做了接吻之外的事，那么根据这个理论，他们的后代如果从更为复杂的 MHC 编码中得到了来自父母的两个不同的等位基因，就会更健康和皮实（有着更强的免疫力）。换句话说，与女性的 MHC 不同的男性会带来极为重要的好基因。有证据表明，女性往往与自己的恋爱对象有着不同的 MHC。（一项瑞士的研究表明，女性更喜欢 MHC 与自己不同的男性的 T 恤气味。）[17]

从 MHC 的角度看，相异者似乎会相互吸引。但若说到微生物，有研究表明，在稳定的伴侣中，它们往往会有更多相似之处。[18]换言之，他们的唾液中有着相同的细菌。无法确定这是不是因为他们经常交换微生物，或许他们刚开始有着不同的微生物，而随着交往对象开始住在同样的环境中，一切都变得均衡起来。（共用牙刷等于共享微生物——不幸的是，也等于共患疾病。）

因此，接吻很可能有着比我们所知道的更多的生物学和激素意义。下次你在和你的爱人亲密接吻时不妨想想这个问题。

○隐秘的排卵者：狡猾的策略

女性进化出了隐秘的生育力状态。即使她们表面上物色对象的行动往往与发情期时间一致，她们也没有泄露自己排卵日的临近时间和生育力高峰期。不过，她们还是发出了气味之类的信号。男性（或者有些女性）可以识别这些信号，但信号的确切意义是不为人所知的。我在前文已指出，男性可以察觉信号，但他们无法确定地解析信号的含义。

让我们来看看一些理论是如何解释人类排卵信号的存在以及排卵本身如此隐秘的原因的。但我们先要解决一个问题。女性并没有显示自己的受孕能力。

我们已经确定，面对性机会的男性几乎无须劝说。女性不需要通过展现自己的生育力（无论是否用隐秘的方式）来引诱男性，并且，女性是否会因为展现自己的生育力状态而获益，这点是不明确的。实际上，女性可能会吸引错误的关注——讨厌的男性或者会欺凌女性的竞争对手的注意。

人类男性的大脑进化到了男性无需交配信号的程度——是的，最后一次想象一下粉红色的狒狒屁股吧。男性确实可能会因为女性的暴露服装或嗅到她们的体味而产生性反应，他们很可能进化出了做好两手准备的生殖策略，只要伴侣愿意接受性交，或者更好的是，只要伴侣主动要求性交，他们都会兴致盎然（在面对繁殖机会时，接受总比后悔好）。长期性行为（在不可能怀孕时发生性行为）及其建立情感联系的效果在发生性交时也会发挥作用：女性在可育期之外的时间表现出对性交的兴趣，有助于巩固与伴侣的感情，保证他的投资。而一旦快乐的工具准备就绪，并且做爱的乐趣在摇旗呐喊，男性对做爱感兴趣可能就仅仅是因为感觉很棒，或者可能仅仅是因为这天是星期六。

不过，排卵信号是存在的，因为激素是存在的。女性虽然可能进化出了隐秘的排卵信号，但为了不减损生育力，隐藏排卵信号还是有限度的。比如，有一种策略是降低激素水平，或者减少组织中的激素受体密度（这些组织的功能可能包括显示生育力状态）。如此一来可能会降低女性的生育力，或者减损她受孕或成功维持妊娠的能力。"泄露信号"

假说认为，排卵信号是身体达到生育力高峰时生理变化的副产品：由于正常的周期性的激素波动影响着女性身体的多套系统，因此信号会泄露，例如以满载激素的气味的形式泄露。而无论这些信号多么难以察觉，巨大进化压力之下的男性仍会察觉这些信号，并认为它们很有吸引力。这导致女性和男性之间出现了一种微妙的共同进化之舞，随着时间的推移，女性进化出了（达到某种程度的）隐藏信号的能力，而男性进化出了察觉信号的能力。

当然，问题是：女性隐藏排卵信号的好处是什么？下面是一些可能的解释……

·增加父亲的投资（好爸爸，留下来）

一种可能的解释涉及男性父亲身份的确定性（孩子是我的还是其他男人的？）。如果女性的排卵状态很容易被知道（或者被估算出来），那么男性会在女性的可育期留下来，而在女性排卵周期的其他时间四处转悠，或许想寻找其他的交配机会。但如果他无法确定女性可能会怀孕的最佳时间，那么他必须寸步不离地守护配偶，用投资打动配偶——在她的整个排卵周期内都是如此。好爸爸越多地守在附近、对家庭投资、保护家人、获取资源，成对结合和共同育儿就越容易。长期的性行为可能支撑了父亲这方的投资。定期的性行为保障了"交易"。

如果性感男士在伺机寻觅时能够察觉女性的生育力状态，那么他可能会在群体中独占交配机会。如果性感男士被蒙在鼓里，可以说，女性就能够追求其他男性，包括会提供亲代投资和带来聪明孩子的好爸爸型男士。[19]

·回避有攻击性的女性（多交友，少树敌）

前文提到，雌狒狒会攻击甚至杀死高地位雄性选中的可育期雌性。（如果我得不到他，那你们也别想得到。）可能女性祖先隐藏自己的排卵信号，不让其他女性发现，也是为了避免成为此类攻击的目标。

我们也看到一些迹象表明，女性在察觉到可育期同性的气味信号时，体内的睾酮水平会上升，只是我们仍不清楚高生育力女性之间的相互反应具体是怎样的。我们也知道，根据挑战假说，当男性遇到可育期女性并且同时要与男性对手竞争时，他们的睾酮水平也会上升。现在，想象一下，如果所有的男性都能察觉所有处于可育期的女性，那么空气中将会密布包括睾酮在内的性激素，随时都会爆发打斗。

考虑到睾酮对两性的潜在影响，隐秘排卵可能也起了息事宁人的作用，让人类可以好好合作，为成功建立家庭营造良好的社群环境。[20]

·保障女性的选择权（她可以选择自己想要的）

最后，隐秘排卵使女性祖先可以挑选和保障后代的壮大。女性可以根据自己的时间表选择健康状况极佳的对象。在某些情况下，女性及其后代得以发展壮大，是因为她选择了"混合型"的择偶策略，得到了性感男士的好基因，同时有好爸爸型男士的长期驻守。没有人会知道的。

女性进化出了神不知鬼不觉的激素状态，隐藏了自己的生育力情况，帮助自己免遭来自男性和女性的避犹不及的进攻。在女性的一生以及每个排卵周期中，并非只有排卵阶段是隐秘的。所有阶段都是隐秘的。没有人看一眼某个女性，就能辨别出她是在来月经还是有经前期综合征，

雌激素：关于情绪、陪伴与爱

甚至（至少在早期）说不清她是否怀孕了或者绝经了，这些对她都是有利的。

从某种意义上说，女性的激素智慧本身就是隐秘的，只有获益最多的人对此是清楚的。

CHAPTER 7

Maidens to Matriarchs

少女、母亲与祖母：
妊娠脑与母职

400。这个数字是工业化社会大多数健康女性总共会经历的月经周期次数，一个月又一个月，一波波的激素以非常稳定的节奏涨落。通常，经年累月，其节奏和长度是相当可靠的。"好吧，我三个星期前来的月经，今天是 15 号，也就是说星期五我应该又要来月经了，下个星期二结束……"不过，虽然年复一年的月经周期本身可以预测，但从更大的角度看，女性的激素生命充斥着非常多的变化。

每名女性的青春期、可育的年岁和绝经的到来千差万别。比方说，12 岁来月经，30 岁怀孕，50 岁绝经，听起来非常"正常"，如此划分关于激素的一生简洁又方便。但实际上，女生可以 10 岁初潮，成年后选择在 40 岁生孩子，一直到 55 岁左右还有月经——这些都可以被认为是完全正常和健康的。

与祖先相比，现代女性可能会在极为不同的年纪经历不同的生命阶段。（在不到 50 年的时间里，美国女性首次生产的平均年龄从 1970 年的 21.4 岁变成了 2014 年的 26.3 岁，而这种缓慢增长的趋势没有回头的迹象。[1]）无论女性在一生中何时来到某个阶段，我都根据"卵子经济学"来表示这些生命阶段：在发育、择偶、育儿和照顾孙辈时的生物权衡以及在成本与获益之间的取舍。

你会看到，女性的激素智慧进化到很早就出现，并且会持续一生。

○青春期的代价：谁可以繁衍后代？

女性的一生中有一个独特的阶段，在这个时期，她的激素会充分展现出来，难以掩盖：活跃的青春期。虽然男生也免不了在中学时期（确实是残酷的时段）出现激素的爆发，但对于女生来说，这些变化似乎尤其明显。

跟任何进入青春期的女生的母亲聊一聊，你会听她说起孩子还在玩玩具、看动画片、喜欢依偎在大人身旁，但也渴望摆脱父母、争取隐私。对化妆打扮感兴趣的女生似乎一夜之间就改变了模样，哪怕她卧室一角的娃娃屋还没撤掉。那些不喜欢唇彩或最新时尚的女生仍然无法逃避身体因雌激素而产生的变化：乳房、臀部和面部结构都变得更圆润、更线条分明和成熟。

在排卵周期中的生育力高峰，女性会对其他女性更有竞争意识和攻击性，我们很容易将这种行为与一些女孩和年轻女性的典型"刻薄女孩"形象联系起来。当然，这种紧张的关系部分只是源自环境。尚未独立的年轻人很难脱离初中和高中的舒适环境以及其社会地位（包括日益增长的学业压力——提醒着现实世界即将到来）。

不过有些行为的确是激素导致的。

·少女时代：很难表现得与年龄相符

女生在开始排卵、来月经、有完备的生育力很久之前就可以对性产生兴趣。但"对男生着迷"并不意味着女生一心要在青春期怀孕或者发生性关系。（事实上，在过去几十年里，美国的少女早孕率在稳步下降。[2]）

"尚未具备生育力"（还没有开始排卵）的女生也会对男生感兴趣。这与某种概念一致：人类的性欲并非单纯关乎繁殖，也与形成人际关系相关。追求男生或喜欢被男生追求的女生或许仅仅是在体验种种可能性。通过"过家家"游戏，女生可以学会家庭关系中所需的各种技能，包括分清什么样的人可能是好的配偶和育儿搭档。知道了这一点，如果你是一个年幼孩子的家长，那么你可能不会再以同样的方式看待孩子的玩伴了。"轮到基兰当爸爸了，他的工作是电视台记者。莫莉当小宝宝，她有时候会焦虑不安，因为她想妈妈了。我要当妈妈，我是兽医和宇航员。我们养了9条狗，晚餐吃冰激凌。"

初潮（第一个月经期）到来的年纪因人而异，同一个过夜聚会上的两个11岁女生看起来可能差了好几岁，也有这个原因。激素在不同的时间生效，原因有很多，包括营养（和肥胖，这与初潮提前有关）、环境影响、种族、遗传等。（我会在第八章讨论某些化学物质和毒素也能导致激素周期变化的原因。）

在远古时期，物理环境和社会条件都不稳定，要么足够要么不足的营养状况很可能对女生的性成熟起着重要的作用。物资不足时期的营养不良可能会导致初潮推迟，她们生下的健康孩子也会少一些。

也有可能会出现相反的卵子经济学结果。若时世昌顺，没有饥荒，物资富足，那么年轻而健康的女性可能会更早成熟，在较长的时间里生出更多健康的后代。有趣的是，雌性胡蜂也展现了这种"用进废退"的策略，这与生育力以及生存条件是否利于后代有关。胡蜂通常会花时间寻找合适的地点产卵，但在控制了胡蜂寿命（它们的寿命与秋季相关，只有一天，秋季生物的寿命比春季的短）的实验中，它们会停止找寻产卵点，很快产卵。[3]

女生在青春期彼此之间可能会培养出深厚的友情，但她们也有可能与同龄的女生产生矛盾，部分原因是女生在彼此面前——包括在会注意自己的男性面前——发育成熟的速度各不相同。成熟较早的女生可能会莫名招致男生（和男人）以及其他女性的注意。发育较晚的女生也会有处境艰难的时候。幸运的是，青春期不会永远驻足，青春期初始的那股激素浪潮最终会沉淀，变得节奏稳定。

·母女冲突

青春期也是女生与父母发生冲突的高峰期，女儿与母亲的冲突尤其多。母亲和女儿的雌激素水平正好背道而驰（一个在减少，一个在蹿升），于是两者的情绪和行为也可能会截然相反，不过两人在情绪激化的时候说的话可能像是从回音室传来的。"你不在乎我。为什么你对我这么苛刻？我真想赶紧搬出去，再也受不了跟你住在一起了。"

虽然是在现代社会，但这种经典的母女角力或许也是原始社会生育冲突的残余。一旦长大，原始社会的女孩很可能会成为家中的得力助手，照顾后代，接管养家的责任，尤其是当她母亲的生育能力还有发挥空间的时候。

在一些非人类灵长目动物中，跟在母亲或其他高地位雌性后面的年轻雌性很可能会推迟性发育——或许这样它们才会作为下级帮手留在族群中。[4] 但原始社会的女孩留在母亲身边而相对生育力不足，可能还有一个原因（除了做免费的育儿保姆）：如果她的童年环境比较稳定，条件好，资源丰富，那么她就没有生育的压力，可以多花时间慢慢发育和长身体。

最终，女儿长大、进入青春期，她会第一次体验到自己的发情欲望，有冲动去物色对象和生育自己的后代，就像她的母亲年轻时那样。远古时期可能有"处女阿姨"，她们因为各种原因放弃了自己的生育机会，留下来照顾女性家长和她们的孩子。但更可能的情况是，女孩会变得不再依靠自己的母亲，独自生活。

青春期可能会带来泪水和挫折，磨损友情，考验着哪怕是最通情达理的父母的耐心。但女性这个阶段的相关激素会帮助原始社会的女孩整装待发——对现代的女生来说亦是如此。

○怀孕的代价：恋爱脑 vs 妈妈脑

25 岁时可能比 36 岁时更容易怀孕，但这对于如今大多数职业女性而言是极不方便的。职业积累的高峰期与生育力高峰期之间存在着真实的冲突，职场内（外）的很多女性都能做证。现代生活使我们推迟了生育后代的决定，一直到我们从身体健康到物质资源等各方面都准备得更加充分，当然，也要等到我们有对象来共筑爱巢才行。

虽然推迟了做母亲的时间，但我们与远古时期的姐妹一样，要找的不仅仅是一个让卵子受精的男性。那些一直等到自己怀孕概率更大并能足月生产的女性，可以产下所谓的"更好的围产儿"。简单说就是能够活下来并健康成长的婴儿，这些婴儿本身也具有良好的生育力。

·年纪更大，更明智，并且仍有生育力

早期现代的人类妊娠很可能大多发生在女性 20 多岁的时候，她们在这个年纪可以完成好几轮怀孕、生产、哺乳和重新排卵。这实际上与我们理解的不一样，我们可能会认为，由于人类祖先的寿命较短（狩猎-采集者平均死于 40 多岁），女性在非常年轻时刚开始排卵并有了生育力就会怀孕。[5] 事实上，曾经人类生第一胎的平均年龄是将近 19 岁，并不是 13～14 岁（黑猩猩和倭黑猩猩在 13～14 岁时第一次生产，大

猩猩则是 10 岁）。

从健康的角度说，年纪很小就能怀孕对女性是不利的，因为她们的身体仍在发育。比方说，青春期免疫系统的发育、骨骼的生长、大脑的发育对于长期的生存是极为重要的。怀孕的女孩自然要与发育中的胚胎共用身体资源，而她们自己的身体尚未成熟，因此妊娠会导致母亲与后代竞争资源。

如果女孩在她的髋骨充分发育成熟前怀孕，胚胎仍会为了自己的骨骼生长而从母亲的身体中汲取所需的营养。因此女孩自己的髋骨就无法正常生长，狭窄的髋部会使生产过程变得艰难。由于女孩自己的生长与胚胎的生长之间存在对需求的竞争，后代有可能会出现与营养不足相关的各种并发症，如发育不足、出生体重低、甚至死产。这种类型的母婴冲突会让母亲和孩子付出高昂的代价。

年轻女性也可能会因为年长女性将自己视为争夺健康男性的对手而处于不利地位。如果配偶和资源有限，姐妹情也不总是牢靠的。另外，年长女性自然在审度物理环境和社会环境方面比她们的妹妹经验更丰富——她们可能更善于评估生育环境，包括哪些是好配偶。回溯我们的鱼类亲戚，它们也是发情期起源的一部分，雌孔雀鱼看到正在交配的雄鱼，会认为它们比其他雄鱼更有吸引力。[6]仿佛雌鱼在从其他雌鱼那里寻找证据证明雄鱼是令人倾慕和有能力的，这是孔雀鱼版本的寻找拥有超健康基因的性感男士的故事。这是一种社会学习，类似于寻找食物来源和辨认捕食者，当然，人类为了生存和繁衍也需要完成这项重要的任务。年纪越大，你就会越有智慧。

如果女性祖先在非常年轻的时候选择了一位配偶，由于他们要共同抚养孩子，她会与他长时间——或许是她整个有生育力时期的大部分时间——生活在一起。考虑到族群体量较小（没有校园，也没有约会

雌激素：关于情绪、陪伴与爱

软件），女性和男性往往选择不多。但很可能他们很多时候是有选择的。不然，很难理解为什么我们似乎进化出了择偶标准，并且这种标准渗入了生育潜力、资源获得潜力和良好的遗传物质。然而，在了解社会环境和择偶条件之前过早地做出选择可能对女性不是好事，除非她碰巧找到了罕见的集性感男士 / 好爸爸型男士品质于一身的伴侣。

从女性的年龄和环境看，选择在条件合适时怀孕为女性祖先提供了生育优势。在现代，等到时机合适仍然是理智的选择。

如何不费吹灰之力地成功生娃

因为个人和职业问题，我迟迟没有做母亲，一直到我 35 岁左右。当我认为自己准备好了要孩子的时候，我并没有求子心切——反而对生孩子产生了恐慌。美国生殖医学学会的一份令人担忧的数据表明，30 多岁的女性每个月有大约 20% 的概率怀孕；到 40 岁，怀孕概率就只有 5% 了。有一天我心情特别差，我记得自己脱口说："我可不想成为人类的进化终结者！"

去找鲍勃医生时，我正处在这两个让人绝望的数字之间。鲍勃医生是一位穿牛仔靴的生殖专家，个子很小，但极有人格魅力。他很早就说（一边说一边用胳膊肘戳护士的肚子）他可以让我"怀上双胞胎"。（他成功了。）对于我来说，使用人工授精技术是正确的选择。我收获了两个漂亮的孩子，他们改变了我的人生。怀孕无疑是一个令人忧心的话题——尤其是 35 岁以后，但很多担心是没有必要的，因为担心来自流传很广的不实信息（我遇到过十来个生双胞胎的母亲，她们做完人工授精后才意识到，对生孩子感到恐慌是没必要的，恐慌本身反倒会抑制生育力。）

互联网会告诉你，36～39 岁的女性，有 1/3 备孕一整年都不会成功，并且给这个年龄段的女性的标准医学建议是，在尝试了 6 个月后无果时，"寻求专业帮助"。我正是这么做的。

但这样的信息基于 17 和 18 世纪法国的出生记录。几乎与凡尔赛宫一样古老的数据将一群群女性送到了生殖专家那里。《大龄女怀孕指南》[7]一书的作者琼·特温吉说，数据指出，那时候没有抗生素、电和生育治疗技术。女性生育医疗的现状比"太阳王"路易十四那时候好太多了。

研究人员查看了当前数据，发现 36～39 岁的女性有 82% 的概率能在一年内怀孕。更年轻的女性概率更大——但差距不太大。27～34 岁的女性有 86% 的怀孕概率。这些健康数据几乎无法表明存在不孕危机。

或许，我们对于怀孕困难总是很快下结论的原因是，我们过于关注年龄，而没有充分理解关于我们的排卵周期的全部原理。我们的目标可能是怀孕或者避孕。无论是什么，如果理解了自己的周期运行规律，你就可以利用自己的激素智慧达到目的。

·卵子经济学的基本知识：妊娠脑

女性在怀孕时所经历的身心变化是众所周知的。某些特定的激素会变化，比如催乳素的升高使泌乳和哺乳得以实现，不过这种激素升高只是暂时的。而其他激素的升高可能没有如此短暂——或许会永久地改变女性的大脑，包括改变女性的认知功能。

我在怀孕早期，同院长（我的老板）和副校长（所有老板的老板）参加了我所在大学的一个重要会议。会议意义非凡，我之前被指派了一个重要职位，此时要向他们汇报我的工作。但那时我只想爬到偌大的会议桌下，把外套卷成枕头，枕着它睡一觉。在孕早期，我什么都闻得到——嗅觉是原来的20倍。一连好几个星期，只有我闻到了我只能称之为"可疑"（并且恶心）的气味，我发誓这东西一定藏在厨房的某个地方。在哪里呢？最后，我在冰箱的深处发现了一小罐被完全遮住的腐烂的猫罐头。我不怎么孕吐，但那天我把胃里的饼干全都吐到了厨房水槽里。差不多同时期，我看人脸的方式也变了——有些人，我之前觉得有点儿怪但还能忍受，此时却让我毛骨悚然。

这些迥然不同的感觉出自同一个原因：怀孕期间，激素智慧改变了大脑，让身体更好地应对一系列的新挑战，包括保护免疫系统和避免危险。比如，孕期的孕酮会保持高水平（而平时月经周期中的孕酮水平会有起落），使女性热衷于香甜的睡眠，并避开自己觉得恶心的事物（比如腐烂的猫粮）或者危险（比如具有威胁性的人）。

我的同事丹尼尔·费斯勒把孕早期的这种现象叫作"恶心敏感度增强"，他对此现象很好奇。第三章着重谈过他的研究，孕酮水平高的女性认为不健康男性的图片尤其没有吸引力。在研究中，他问孕妇，在孕早期——这时胎儿最容易受到感染，流产的可能性最大——哪些恶心的东西（蟑螂、暴露的器官、虫子、黏液、伤口、马桶、人兽交配……）会触发她们最高程度的反感。[8]最让人反感的事物包括选择有风险的食物，例如喝变质的牛奶。想想从腐坏的食物中摄取有毒细菌，会引起沙门菌中毒或者李斯特菌病，导致胎儿发育问题或流产，那么孕妇的反应是合理的。

孕早期是最有可能发生晨吐的阶段，此时人绒毛膜促性腺激素水平也正处于峰值。虽然研究者不确定这种激素是否会导致恶心和呕吐（费斯勒没有在研究中指出人绒毛膜促性腺激素的问题），但其中有很多人发现人绒毛膜促性腺激素与晨吐之间存在强关联。[9]即使人绒毛膜促性腺激素只是起辅助作用，帮助阻止孕妇摄入有害病原体，避免伤害发育中的胎儿，它也参与了一个似乎能保护母婴的更大过程。

除了怀孕时能在冰箱中察觉和避开病原体，我还经历了此前对我来说从来不成问题的问题——我感觉好像有一团雾罩在了我的头上。

或许那时我只是缺觉，但我头昏脑涨的次数太多，我在想自己是不是得了著名的"妊娠脑"——无法集中注意力，记忆力下降。我一直以为这是个过时的错误说法。作为进化心理学家，同时作为一名女性，我不太相信自然选择会在我们准备生育、需要体力和脑力储备的时候让我们的脑力下降。

但这里存在着卵子经济学的成本效益经验：怀孕是女性身体的新陈代谢面对最多挑战的情况之一，其中有一些能量的损益。研究表明，女性在怀孕时（以及生产后）的记忆力和其他方面的认知功能会出现尽管程度轻微但明显的下降，这是因为身体将资源分配给了胎儿的健康发育。

·妈妈脑大过灰质

心理学家和研究者劳拉·格林研究了孕期激素对大脑的影响，她的研究成果提醒我们，充斥于女性身体中维持妊娠的激素的水平比正常（非怀孕）排卵周期时的高很多。[10]比如，雌激素的水平高了 30 倍。身体中发生着非常多的变化，可以理解的是，它们对大脑也会产生影响，包括大脑的功能及其实际的结构。

格林是第一批将人类作为研究对象的科学家之一，她指出，我们对于孕期大脑的很多认知基于对啮齿动物的研究。她召集了250多名孕妇来到实验室，分析了她们在孕期和孕后的认知功能，想要了解女性一生中的这个特殊的激素阶段会如何导致"妈妈脑"的出现。格林还想知道，女性在第一次怀孕和第二次怀孕（甚至第三次、第四次等）时受到的影响是否不同，于是她在研究中加入了"初产妇"（第一次生孩子）和"经产妇"（不止生过一次）两项内容。（她也将非孕妇作为对照，研究了她们的脑功能。）

格林在研究时使用了经典的口头复述任务。研究中，随着孕期的进展，从大约第14周起（或者从孕中期的早期起），孕妇的记忆力会开始下降。在此之前，孕妇与非孕妇的表现并没有差异。从大约第29周开始，两组女性之间的差异变得更显著了。孕早期高水平的雌二醇与在回忆任务中表现糟糕有关。产后3个月，记忆方面所受的影响仍然明显，经产妇表现得比初产妇更差。（有一个婴儿再加上一两个更大孩子的母亲对最后这点可能并不会感到惊讶。）

不，婴儿就算想，也不会真的吃掉你的脑子。但有证据表明，怀孕会以某种方式改变女性大脑的可塑性。（最近一项研究扫描了孕妇的大脑，发现灰质的体积似乎减小了，尤其是在处理社会认知的脑区。[11]）孕期的激素重塑大脑时，记忆力似乎确实受到了影响。实际上，80%以上的新手妈妈反映说自己的记忆力出现了问题，甚至在控制了睡眠不足、焦虑和抑郁情绪这些变量后，问题依然存在。[12]

但大部分研究表明，这种记忆力减退集中于负责口头回忆的脑区，比如记住之前提供给你的词语，而不是像记住从购物车中抱走婴儿和在驾车离开停车位前把孩子放入车中这样的大事。怀孕期间，女性的身体在为生产和做母亲做着准备，这样的激素变化似乎存在着卵子经济学的成本：大脑会微微犯迷糊。但你将会看到，"妈妈脑"也有好的一面。虽然损失了一些记忆力，但是妈妈们会有增强的敏感性、警觉性、同情心和直觉，这些都会使她们成为更好的母亲。

·让家舒适起来

我怀孕时总想睡觉，但又想保持事事有条理！双胞胎就要诞生了！我们需要婴儿床、儿童安全座椅、衣服、纸尿裤、纸巾、更多纸尿裤、低敏感性有机"清洁水"、草本配方的婴儿用药、小指甲钳、将儿童安全座椅从车里推到 8 英尺① 远的家门口所需的专用推车……我沉迷于设计婴儿房，让房间对男孩和女孩都"适用"（湖蓝色！）、柔和、舒适、绝对适合这两个即将入住地球的珍贵生物。还要有合适的婴儿摇椅、配有子宫声音的高科技秋千、婴儿绘本（培养阅读习惯不嫌早）……我尽可能了解了基本的婴儿护理：如何轻柔地包裹襁褓，处理哭喊、喂奶、大便、睡觉的问题……还有婴儿防护用品！这个不能少！（我决意在双胞胎出生前就给厨房所有的橱柜装上儿童安全锁，虽然他们在人生中的第一年只是会坐着的秃头胖子。）

除此之外，我还有一种不可遏制的搞卫生的冲动。

为什么一个身怀六甲的女人不去好好睡觉，却要迫不及待地开动吸尘器、组装家具、整理衣橱呢？这种把家安顿得舒舒服服的冲动是真实存在的，但你或许不知道它有什么作用。一名即将做母亲的职场女性可

---

① 1 英尺约为 0.3 米。——编者注

雌激素：关于情绪、陪伴与爱

能想把办公桌里的每一张纸片都清理掉，并且在准备请产假前给同事提出海量的嘱咐事项。提前准备是很有道理的。但除了把办公室料理妥当，她可能还会做好 20 份意大利宽面条冷冻起来，并重新给浴室的瓷砖做填缝。不，她不是家政女王玛莎·斯图尔特上身，是有其他原因在支使她。除了可能导致生育后代的发情欲望，人类和其他动物也都有充满目的性的强大筑巢本能。

很多生物最脆弱的时候是出生时，以及之后的每一分钟、每一个小时和每一天。死亡的威胁——来自疾病、受伤或者捕食者——对于新生儿和对于母亲一样高。一种降低风险的方式是怀孕的雌性准备好巢穴，为自己和后代保障环境的安全和卫生。鸟类会筑巢，蜜蜂会筑巢（但有些胡蜂在需要立刻产卵时则不会——本章前文讨论过），我们人类也会"筑巢"，尤其是在孕晚期。

有一项研究调查了孕妇在妊娠 3 个阶段（以及非孕妇）的"筑巢心理"，孕晚期的孕妇比其他女性报告自己有筑巢行为——特别是整理东西、扔掉东西和腾出新空间——的可能性更大。[13]

孕早期流产的风险最高，前文说过，此时女性表现出高水平的敏感性，对与疾病相关的因素会感到恶心。几个月后，这些遭到严防死守的行为似乎以另一种形式再度出现。研究者猜测，挂上新窗帘、粉刷房屋或者清洗地板的冲动与消除病原体——或者至少是绒尘——的进化适应行为有关。

女性还描述道，在孕晚期会精力爆发，好像自己在争分夺秒地筑巢——确实如此。这可能会让你想起关于躁动能量的另一个激素阶段：处于高生育力时期的女性动得多、吃得少。似乎女性在孕晚期做出了一种卵子经济学的权衡，多动少睡——哪怕睡眠很快会变成不可多得的东西。

·熊妈妈效应

我怀孕时住在山上的小屋里，一个当地人——一位会亲手喂熊的朴实善良的妇人——似乎突然给我带来了很多困扰。多年来，她定期不打招呼就来到我家小屋的平台上，朝屋里看。她没有边界感，也不懂掩饰，但我的家人都已经习惯了她似乎无害的古怪行为。而此时的我感到一种强烈的冲动，想把这个人从我的地盘上赶走。一天，她像往常一样出现了，朝窗户里看，我警觉起来，我的狗——平时很友好——朝她咆哮，仿佛感觉到了我的恐惧。后来在邻居举办的美国国庆日派对上，她走过来向我抱怨起我的狗，我一反常态地提高了嗓门，严厉责备了她，好像我是在保护自己未出世的双胞胎（或者他们暂时的替代者——我的狗）。我当时可能就是在这样做。

事情发生时，我正值孕中期，但这种感觉暗示了之后发生的事。孕妇会产生保护机制，避免风险——不仅会回避病原体，也会回避捕食者。研究表明，怀孕时，女性会展现更敏锐的面部识别技术，尤其能识别出她们认为有威胁性的男性面孔。[14]（如果研究一下孕妇是否比其他人更擅长从一组人中挑出犯罪者，一定会很有意思。）虽然"妊娠脑"可能会对记忆力产生负面影响，但记忆力的某些方面——或者至少我们的认知表现——似乎得到了增强。

当我的孩子还是小小的婴儿时，我在人行道上推双座婴儿车时会感到一阵阵勇猛的情绪，随时准备挡在他们面前，防止他们受到伤害。在他们出生前，我会向遛狗的陌生人微笑点头（我是爱狗人士），通常还会停下脚步与狗的主人攀谈，也会摸摸狗。现在我在街上看到狗，脑中闪过的念头是：我会揍扁你！哪怕那只狗根本不想吃掉我的孩子，我也还是会有这样的想法。我感觉自己随时会誓死守护我的后代，就像数千年来所有的母亲所做的那样。

众所周知，怀孕和生产时的激素变化能改变女性，而其影响不仅仅是身体方面的。我亲身经历了熊妈妈效应，显然证明了一个古老的说法，那就是千万不要站在熊妈妈和熊宝宝之间。心理学研究者珍妮弗·哈恩-霍尔布鲁克（也是我曾经的博士后学生）在孕期和产后行为领域做了大量研究，也研究了这种"母亲防御"行为的倾向。她是这样重新解释熊妈妈效应的：绝对不要站在哺乳期的母亲和她的孩子之间。她的研究表明，哺乳期女性有着高水平的催乳素和催产素，在面对威胁时会比其他女性更快做出攻击行为。[15]

在研究啮齿动物时，科学家观察到，他们无论怎么努力都很难令哺乳期的大鼠焦虑：让它们穿过迷宫，强迫它们游泳，安排它们遇到捕食者或其他威胁。鼠妈妈临危不乱，应激状态下的激素水平和心血管功能几乎没有变化。不断有研究表明，哺乳似乎有减少焦虑的好处。但与此同时，鼠妈妈的攻击性更强，在受到威胁时会比非哺乳期的大鼠更快采取防御行为。

珍妮弗想知道人类是否也有相同的行为。她设计了一项研究，其中有3组女性：母乳喂养的母亲，使用配方奶喂养的母亲，没有孩子的女性。每一位参与者在一开始都遇到了一位烦人的女性研究助理，这位研究助理假装是另一个研究参与者。（妈妈们也把婴儿带到了实验室，因此从严格意义上说，她们的孩子也受到了威胁，并不安稳。）助理会大声嚼口香糖，看自己的手机，避免跟人有眼神交流，总之非常讨厌。每位参与者都被告知，自己要与烦人的对手玩一个电脑游戏，对手会测量她对某个任务的反应时间，谁"赢"了，谁就可以向"输家"发一串吵闹的响声。

所有参与者都要测量基础血压、心率和其他压力指标。然后她们被送入不同的房间玩游戏。实际上，她们的"对手"是一个电脑程序，程序已设计好向参与者发出吵闹的声音（来自对手的明显攻击行为），目的是让研究者观察她们的反应。参与者以为自己受到了嚼口香糖的那个人的"轰炸"，于是她也可以发出自己的声音回击。玩了一次，熟悉了游戏规则后，参与者休息了一会儿，母亲们可以给自己的孩子喂母乳或瓶装奶，不是母亲的参与者则看杂志。然后她们再次进入游戏。之后，研究者第二次测量了她们的血压和其他指标。

珍妮弗的研究结果非常惊人：母乳喂养的母亲比喂瓶装奶的母亲和非母亲参与者显然发出了时间更长、更吵的声音。虽然所有参与者第一次结束游戏后都表现出了焦虑，但经过休息（母亲喂完孩子），再次进入游戏后，母乳喂养的母亲的血压和其他压力指标上升的幅度最小。结果是，向对手发出最吵声音的哺乳期女性的血压最低。"冷静下来。心平气和。别惹我。"这些结果与对啮齿动物的研究一致：焦虑值较低，但一旦有必要，进攻性较强。珍妮弗的研究表明了母乳喂养阶段的激素影响，母亲可以在保持冷静的同时变得坚定而自信——变身为熊妈妈。

·妈妈就是知道

与所谓妊娠脑（以及孩子出生后还会出现的妈妈脑）同时出现的激素会使妈妈们拥有一系列的"超能力"。催产素和催乳素会引发熊妈妈效应。我们看到，高生育力时期的高水平雌激素会帮助女性避免危险的情况和危险的人。如果怀孕，包括孕酮在内的几种激素会帮助女性避开可疑的食物或者远离可疑的情况和可疑的人，守护发育中的胎儿。

一旦孩子降生，母亲会变得更擅长分辨危险和安全。你可以问问任何母亲，包括那些孩子已经成年、搬出去住的母亲，大部分人都会同意：当关乎自己孩子的健康和幸福时，她就是知道什么事情不对劲。我和同事研究了这种现象，发现激素智慧再一次起了重要作用，即使其中的威胁性是很小的。[16]

在人类历史的早期，婴儿死于疾病、事故或捕食者的袭击比如今常见得多，因此，心理上认识到并适应这些风险在进化上是说得通的。虽然在现代社会，婴儿的死亡率低得多，但母亲很多古老方面的敏感性依然如初。比如，在实验中使用婴儿哭声的录音（录音中混入了陌生婴儿的哭声和女性参与者自己孩子的哭声），母亲会成功地识别自己孩子的哭声，从刚生下来的哭声到之后数周的哭声都可以。（父亲没有母亲做得好；母亲听到婴儿不舒服了，会更快地行动起来。[17]）

母亲也倾向于进行"产后预防性思考"。翻译过来就是：你会担心你无助的孩子所面临的一切最可怕的情况。我也是这样。从大楼着火到狂犬病，再到入室抢劫，我想过了所有"小孩遇难"的电影场景，好像我在为真遇到危机时做练习。预防行为的例子：夜里每隔两个小时就要看看他们，确保他们在呼吸。初为人母，谁没做过这种事呢？父母的一个主要焦虑来源（持续时间超过了新生儿阶段）是"来自陌生人的威胁"，这里有一个有趣的发现：就像处于高生育力时期的女性会高估自己认为有威胁性的男性的体形（见第五章中"危险的陌生人"一节）一样，在研究中，母亲和父亲也都会比非父母更容易估计不熟悉的男性体形更大、肌肉更发达。[18]

因此，研究者证实，父亲也会做出预防行为，但母亲是必然会担心的，哪怕过了25万年，我们担心的内容发生了改变。我们不再担心饥肠辘辘的动物凌晨2点潜伏在自己家附近，对着我们的孩子垂涎欲滴。但我们会担心婴儿房里的空调太冷了："她把毯子踢开了吗？等等，是不是毯子盖得太厚了？他翻身趴着睡了吗？"我们对卫生状况焦虑不安。

21 世纪父母痴迷的婴儿防护类似于过去防止孩子误食一颗有毒的浆果。自从人类有了语言，父母们一直在说："把那个从你嘴里拿出来！"

这就是生殖激素的作用。它们改变了母亲的大脑，使我们更擅长多线程任务，让我们能够以最有效的方式照顾孩子。令每个总想偷偷行事的孩子失望的是，母亲的脑袋后面似乎真的长了眼睛。

再见，孩子……你好，小猫

性活跃且诱人的"年长"女性勾引年轻男性的概念——于是出现了"熟女"①一词——早在电影《毕业生》之前就出现了。在《毕业生》中，达斯汀·霍夫曼所饰演的角色还是个稚气未脱的孩子，落入了安妮·班克罗夫特所饰演的风流太太精心修剪的"魔爪"。你会发现，从古至今，总有这样的女性与比自己年轻很多的男性纠缠不清。至少从古希腊神话中王后菲德拉对自己的继子动了念头起，《欲望都市》中萨曼莎这样的角色成为流行文化中的主流。范·海伦乐队写过一首叫《暗恋老师》的作品。电视剧《熟女镇》曾红极一时，其中一位演员演过《老友记》（出演《熟女镇》时风韵犹存）。幸运的是，类似于熟女的 MILF②一词被人遗忘在了互联网的黑暗角落。

这都只是男性的幻想吗：她要么长得像柯特妮·考克斯，要么像电影《哈洛与慕德》里的七旬老妇的扮演者鲁思·戈登？发情欲望真的会驱使超过生育年龄（包括进入围绝经期）

---

① 英文是 cougar，本意为美洲狮，后指 30 多岁至 50 岁经济独立且会追求年轻男性的女性。——译者注

② MILF 在中文里没有对应的词，意思上接近"半老徐娘"。——译者注

的女性去追求年轻男性或者只是不论年纪地渴望性爱吗？近年来，行为科学家探索了这类问题，部分是因为流行文化传达的信息无处不在。这里确实存在一些有趣的科学问题，但"熟女"或许并不存在：没有明确的证据证明一定年纪的女性都更喜欢年轻的男性。

这里有两个相互关联的问题值得分别分析——性欲的小幅增强（或者说任意纵容性欲），以及年龄。有些研究确实表明，随着女性生育力的下降，她们可能会出现性欲增强的现象，但这主要来自女性就欲望所做的主观报告，而不是女性与伴侣性行为频率的测量数据。[19]女性如果因为年龄大而怀孕概率小，那么就没有以繁殖为目的进行性行为的生理原因——因此，以快乐为目的的性行为就会居于首位。从进化的角度看，放弃生孩子也是合理的，不过很难说人类在生命后期纯粹为了快乐而进行性行为的原因是什么——或许我们所体验的亲密是成对结合的惯性使然。（有人说，一名女性只要还有一点点生育力，自然法则都会让她走上寻找健康基因的征程——中年生子。但这时也存在很多生育方面的危险。）

说到年龄，如果男性选择年轻的女性，那很少会引起注意。而年纪大一点儿的女性选择年轻的男性则会成为丑闻，永远会有人提醒她们，随着年华的逝去，青春和美貌不复存在。年轻的男性喜欢年长的女性，可能因为她们比自己在性方面更无拘束、更有经验，这一观念无疑让范·海伦乐队的男生们有了灵感，给老师写下了调皮又肉麻的情书。男生可能会想：她对婚姻和孩子没有兴趣，她百无禁忌，因此我也没有什么束缚（除非她喜欢玩束缚游戏……）。而且，实际上，性活跃的年长女性的确更有经验，交往时很可能更为放松。

无论是否生育过孩子，接近和进入绝经期的女性在生理上不太需要"妈妈脑"。转换成"恋爱脑"，体验无须以生育为目标，也不用担心意外怀孕的性爱，就算不会更愉快，也无伤大雅（或许对维系与伴侣的情感还挺有用）。

释放天性吧！

○绝经的价值：关上（生育力之）窗，打开门

虽然早期人类的寿命比我们现在的寿命短[20]，但女性祖先（大部分孩子很可能都是她们在20多岁的时候生的）能够活到足够的岁数，经历激素周期的最后阶段：绝经期。活到可育期之后是极为罕见的——其他哺乳动物很少会如此，连与我们关系最近的灵长目动物亲戚也不会这样。虽然非人类灵长目动物到40多岁还能生育，但，举例来说，一只雌大猩猩的最长寿命大约是54岁（笼养状态下）；相比之下，人类女性在过完最后的可育期之后还能活几十年，直到80多岁甚至更大岁数。[21]

在某个阶段，女性不再排卵，激素周期（包括发情期）随着衰老发生了转变。但与社会对年纪渐长的女性的通常看法不同，绝经几乎算不上女性身体衰弱、体力枯竭或者"油尽灯枯"的标志。相反，这是人生的新篇章，蕴藏着丰富的可能性和自由——60多岁、70多岁、80多岁

取得惊人成就的女性大有人在。

对于那些从照顾自己的孩子变成照顾孙辈的女性来说，绝经可能也是很有价值的卵子经济学阶段。当然，并非所有绝经后的女性都会去照顾再下一代。母亲和她们成年的孩子可能会分开住得很远，或者关系疏远。或许她们没有孙辈。

但在人类历史的某个时候，女性进化出了激素智慧的最后一次爆发，帮助她们在适当的时间照顾孙辈，而其他动物几乎没有这种行为，其中一定有着某种原因。

·观鲸：虎鲸是如何了解一生的变化的

大多数物种（包括昆虫）都能够持续繁殖，直到死亡。大象直到60多岁还能生孩子，为"老来得子"增添了新含义，而南极长须鲸的可育期能延续至80多岁，只是与大多数物种的许多雌性一样，在生完最后一胎后不久，这些动物就会与世长辞。至少它们的寿命很长。值得同情的是可怜的蜉蝣，它们24小时的一生完全只有交配、繁殖和死亡三件事。鲑鱼在产卵后不久也会死去。

当然，没有人想告诉孩子们蜘蛛夏洛为拯救小猪威尔伯，织出了神奇的网，生下了孩子，优雅地去世后，它的遗体是怎么处理的。实际上，出现在故事结局的夏洛的那些欢乐的小蜘蛛，会把母亲的尸体当作第一餐吞进肚子，这是新孵化出的蜘蛛的本能。要说哪位母亲有权获得殉道者的殊荣，夏洛当之无愧。对于大多数大大小小的生物来说，做祖母是难以实现的奢望。虎鲸则不同，它们与人类一样，会绝经。

科学家很久之前就观察到，雌虎鲸在最后一轮交配和生产后还会活几十年。但它们并没有独自生活或者与其他年老的雌性一起衰老而死。

年老的虎鲸会留在后代身边，帮助照顾后代的下一代，尤其会帮助它们寻找食物。

虎鲸会按照母系族群（也就是根据母系血统）组织起来。在一个母系族群中，可能会有一到四代不等的虎鲸，它们全都是从活着的最老的雌性繁衍出来的：外祖母、外祖母的女儿和外孙辈，甚至还有曾外孙辈。当它们性成熟后，雌性会离开族群寻找配偶，但一般它们都会回到自己的母系族群，它们的幼崽会成为族群的一分子，跟随母系大家长的带领。雄性不与孩子生活在一起，而是待在自己的母亲身边。

与人类的女性祖先一样，仍有生育能力的虎鲸妈妈和性成熟的虎鲸女儿可以在同一段时间内发情和生产。但是与人类一样，有理由证明，这种"共同生育"从激素的角度来说是不聪明的。有数据表明，当虎鲸妈妈在自己的女儿产崽后的两年内生产时，年长雌性的幼崽的死亡风险会增长 1.7 倍。[22]

研究者认为，原因可能是食物有限。虎鲸会共享食物；它们一起捕猎，一起吃猎物，分享资源。年轻的雌性会把喂饱自己的后代、保证它们的存活作为首要任务，不大会与其他雌性的后代分享食物，包括自己母亲的后代。女儿会把更多的时间和精力投入喂饱和照顾自己的后代，在这方面，虎鲸女儿基本会比虎鲸妈妈做得更好，因为女儿自然比母亲更强壮、动作更迅捷。年长的雌性明白自己竞争不过年轻一辈，于是它们似乎很明智地投入精力帮助女儿和族群中的其他雌性照顾下一代。（在女性祖先中，共同生育也是有代价的，但在人类的例子中，这部分是因为人类女性不像虎鲸那样生活在女性主导和支持女性的家族中。）

想一想，一旦年轻的女性性成熟，发情的欲望就会驱使她寻找配偶，生育自己的后代，那么她就会离开自己的族群。一开始，她所生活的族群都不是自己的家人，但随着时间的推移，她可以生育足够多的后代，与周围的人都有了血缘关系。一旦她身边的孩子们也开始生育，那么她会在人生的某个时间停止生育新的后代（她可能活不到看到新的后代生育的时候），转而将时间投入对孙辈的照顾。这是很合理的。

虽然她的孩子有自己一半的基因，孙辈只有自己 1/4 的基因，但她的投资对象都是跟自己有遗传关系的亲属。这是另一个抉择：生下自己的孩子，需要争夺资源，并且可能活不到看到他们有能力生育的那天；把时间和精力转而投入照顾孙辈。在人生的后期，选择照顾孙辈才是明智之举。

就这样，女性在进入绝经期后，开始了没有生育力的人生。她不再需要生育自己的后代，但她仍会为家族的整体健康提供助益。

虎鲸"外祖母"保持自己在族群中的主导地位和价值的一种方式是成为寻找食物的能手。后代，尤其是成年雄性（见后文"当'妈宝'的高昂代价"），会长期依赖自己的母亲，而母亲最懂如何找到主要的食物来源——鲑鱼，以及其他猎物。年长的雌性懂得如何捕猎，它们会领路，把自己的知识传授给年轻的雌性。一位 21 世纪的人类外祖母会因为寄来爱心曲奇而加分，而当虎鲸为自己的孩子和外孙辈找到食物时，它是在为好几代虎鲸提供生命线，让后代不用走上进化的绝境。（但我要代表所有的孙辈说一句话：请一直给我寄思尼克涂鸦曲奇哦。）

当"妈宝"的高昂代价

年长的雌虎鲸在保证自己的雄性后代存活方面似乎起着独特的作用。虎鲸幼崽常年依赖母亲寻找食物，不过性成熟后的雌虎鲸会暂时离开自己的母系族群，在合适的时候去繁殖。雄虎鲸则会长期待在母亲身边，甚至在母亲进入绝经期之后仍然如此。不幸的是，这相当于大学毕业后还住在家里，对于儿子的长期发展来说并不是什么好事。

由于雄虎鲸过于依赖自己的母亲[23]，母亲去世后，雄虎鲸的死亡率会飙升。母亲去世后，30岁以下雄虎鲸的死亡率是雌虎鲸的3倍。雄虎鲸死亡的概率会随着年龄而增长——超过30岁，雄虎鲸的死亡率会增加8倍。[24]（雌虎鲸与人类一样，40岁后一般不再繁殖，之后还能再活几十年。）但相反的情况同样成立：虎鲸妈妈的寿命越长，尤其在过了生育年龄后，它的儿子似乎就活得越久，因而雄虎鲸能够交配繁殖的时间也就越长。（可以说它是住在从小长大的卧室里，但它也会跟其他鲸群处于发情期的雌性过夜。）

通过提高雄虎鲸的寿命拯救鲸群，长寿的虎鲸妈妈功劳不小，因此可以说，这也是绝经的功劳。

·祖母的礼物

前文提到，大多数非人类灵长目动物是没有绝经期的。虽然人类和黑猩猩在40多岁时还能生育，但是，比如，野生状态下的黑猩猩到了这个年龄段会变得非常虚弱，很少能活到50岁以上。倭黑猩猩、大猩猩和红毛猩猩的寿命更长一些。它们分别可以活到50岁出头、55岁左右、接近60岁，但在自然环境中，它们也很少能活过这些期限。[25]

当然，比较野生状态下的灵长目动物与有着现代便利条件（包括医疗设施和稳定的食物来源）的人类的寿命，有点儿像拿苹果和橘子（或者猴子和人）做比较。不过，研究者研究了至今尚存的狩猎-采集部落（比如东非的哈扎人，他们的生活方式与数千年前几乎一样）中人们的寿命，发现约 75% 的人能活过 45 岁，他们能活到 50 多岁和 60 多岁。虽然他们的预期寿命比现代西方人的短，但 1/3 以上的女性活到了生育年龄以后，度过了绝经期，很多人还当上了祖母。[26]

寿命相关进化问题的研究者调查了哈扎人和其他几个部落，如亚齐人和昆人。他们调查的问题包括"祖母假说"，也是我之前提过的概念——超过生育年龄的女性帮助照顾下一代，对于族群的存活（至少对于延续家族血脉）有很大贡献。如果一名年长的女性能够在家中帮助自己的孩子，直到更多后代出生，或者到更多孩子能活到成年并生育后代，那么就会有很多子嗣将自己的部分高质量健康基因传递下去（老天保佑）。有了祖母照顾年幼的孩子，母亲就能专心继续怀孕和哺育新生儿。

在远古时期，祖母的实际工作很可能包括填饱孩子的肚子，这些孩子已经断奶，但尚不能自己出去狩猎和采集。研究者认为，现代哈扎人的经历反映了远古时期的情况。哈扎人依赖块茎获得营养，这些硬实的根茎类蔬菜埋在干燥而多岩石的地下深处。孩子可以四处采摘浆果和熟软的水果，而个头更大、更健壮的人才能挥舞着工具，从坚硬的地下挖出块茎。有着大把空闲时间（和一根锋利的挖掘棍）的祖母正适合干这样的活儿。哈扎部落的男人和男孩会打猎，带回肉和蜂巢——从树上采来的另一种珍贵的食物来源，而年长的女性会挖到块茎，为女儿的家庭增加食物供给。

绝经让女性祖先在生育年龄之后保持了生产力。你可以说，我们之所以活得长，是因为我们要照顾孙辈，保证我们的基因传递给后代。一点儿潮热不算什么，我们的情况还是比蜘蛛夏洛好得多的。

·高级卵子经济学：中期和末期

女性在月经期终止整整一年后才会被认为进入了绝经期（真正的月经终止期）。如果连续 4 个月没来月经（并且没怀孕），然后恢复月经了，那就还不是绝经。9 个月没来，然后莫名其妙流了两天经血呢？快了，但还没到绝经期。

围绝经期会出现的绝经前症状与经前期综合征类似，都会有生理不适（潮热、阴道干涩、入睡困难）和情绪波动（伴随性欲低下）。与所有受激素控制的情况一样，恐怖故事数不胜数：每天晚上，当你在床上翻来覆去睡不着时，你的床单会被汗水浸湿……你的"下面"真的会"干涸"……你的肚子会变大，看起来像怀孕 4 个月……你会长胡子，变成"帅气的"女人……如果你读了些"人生就这样了"的文章，你可能会想自己大概已经加入了蜉蝣的行列。

是的，随着你接近和最终进入绝经期，你的身体会发生变化，你的大脑或许也会。不过，随着女性过渡到一个新的激素阶段，她们所体验到的大多仅仅是无关性别的人类衰老，其原因并不纯粹是失去了可育期女性所大量拥有的某些激素。当夸大的宣传屏蔽了这些事实，对女性健康的研究不足导致此类信息的缺失时，各个年龄段的女性都会受到损害。（与激素替代疗法相关的心脏风险及与避孕药的某些配方相关的风险是真实存在的，但这种"激素干扰"是下一章的话题。）

然而，绝经会让你意识到，我们的性激素有多么强大，而且并非只有女性才会受到它们的影响。在人类的一生中，有两个时期很难区分男女，但得是在从远处看（并且穿着衣服）的情况下——当孩子还小时和当成人很老时。想象一下，如果一个小男孩和一个小女孩发型一样，衣服相似，那么很难区分两者。（我 6 岁时，我妈给我理了个假小子发型，我的名字也像男生，所以我可以证明这一点。）快进 80 年，雌激素和睾酮水平都下降了。无论如何，面部特征可能不再女性化或男性化，并且跟青春期前一样，男女的音高可能难以分辨。童年与老年的共同之处是：缺乏性激素。

绝经赋予了女性生育年龄之后的岁月，但我无法确定地告诉你我们为什么（或者是否）会出现一些伴随而来的症状，例如潮热或失眠，除非我们把这些副作用重新定义为卵子经济学的权衡（对此我表示怀疑……）。大量研究表明，处于高生育力阶段的女性比绝经后的女性更喜欢有阳刚之气的脸，而绝经后的女性比年轻（而且可能有生育能力）的女性更喜欢各种"可爱的"男性和女性的娃娃脸。[27] 一项被研究者称为"辨别可爱"的调查发现，与 19～26 岁的女性相比，53～60 岁的女性更容易接受非传统意义上可爱的娃娃脸——这里的可爱指的是大大的眼睛、胖乎乎的脸蛋，整体上给人一种天使般的感觉（调查中的年轻女性都不是母亲，因此这像是年纪在起作用）。

所以，在这个卵子经济学的例子中，祖母可能会失去雌激素给自己身体带来的一些好处，但在心理上，她获得了更容易接受其他婴儿的能力，这时，她可能会接受更多并非自己所生的后代。当她在照顾大家庭的亲属（甚至是没有亲缘关系的后代，这些后代的家人可能也在照顾她的亲属）时，这个特点会令她成为更得力和更尽心的帮手。亲生母亲通过与婴儿近距离接触，在保护和喂养孩子时会与其建立专属的亲密关系，而绝经后的祖母不具备同样的亲密关系机制，尤其是在哺乳方面。或许绝经现象提供了一种进化上的助手，让戴着玫瑰色眼镜的祖母觉得所有的婴儿（哪怕是那些长得像外星人的孩子）都很可爱，愿意帮助他们健康成长。"这是一张只有妈妈会爱的脸？"应该说，这是一张所有祖母都会爱的脸。

我们经历了发情激素充斥的一生，从青春期的蠢蠢欲动开始，到怀孕和成为母亲（如果我们愿意），直至老年。这三段弧线不幸的共同之处是，我们仍会关注令人害怕的激素阶段的生理方面：令人糟心的月经，因为怀孕（或者没有怀孕）而激动不已，绝经及其让我们想到自己失去了生育力——令我们成为女性的一种能力。

但是，总觉得正常健康的激素周期问题重重，总想要解决这些问题或消除症状，是错误的。当然，每个阶段都有其困难（不只是女性，男性也有不好过的时候），但女性激素的涨落也会产生深层的快乐。实际上，你将会看到，当我们过度干预自己的自然周期时，我们是在否定自己的激素智慧，拒绝让它指导我们身为女性的人生。

CHAPTER 8

Hormonal
Intelligence

第八章
再谈激素智慧
与激素调节

无论有意还是无意，女性都会在人生的某个时候扰乱自己自然的激素周期，包括发情期。比如，怀孕并非不来月经的唯一原因。月经推迟、受到干扰或完全中断的情况有很多，如极端或突然的生理和情感压力、急剧的体重减轻（或体重增加）、生病、环境中的毒素，或者哺乳。最显而易见的是，使用激素类避孕方式或激素替代疗法，改变主要性激素的平衡以及增加模仿身体自然激素的人工激素，也会改变周期。

由此可见，如果我们无意或有意地"干扰激素"，我们可能会损害自己原本的激素智慧，尤其会损害我们在性行为和择偶方面做决策的能力。如果一名女性没有体验发情期及其带来的进化好处，那么她的激素智慧还会无往不胜吗？或者会折损吗？毕竟，与大自然对着干是要承担后果的。

其实无论激素有多么强大，也无论它们产生于人体还是制造于制药实验室，它们在某方面都有自己的局限：在对人类发情期的验证过程中，我们发现女性并没有严格受到激素的控制，女性可以有自由意志，能够采取有策略的选择，那些选择即使不会通过基因延续给后代，也至少能够造福她们自己的生活。

就算选择中断周期，或者被动中断周期，每个女性也仍然在自己的一生中拥有激素智慧。选择如何发挥激素智慧取决于她们自己。

○干扰激素之母：避孕药

近 80% 的女性会选择的一种干扰发情期的方式是：激素类避孕方式。绝大多数的激素类避孕方式是服用药片，但相关的激素也可以通过置入器或节育环在身体内部释放，通过局部贴剂被吸收，或者通过注射被吸收。若使用得当，雌激素-孕酮复合避孕药及其同类（比如"节育环"）在避孕方面是极为有效的。它们也会阻止或者极大地减少与发情相关的激素周期。

在前文重点提出的很多研究以及在我的实验室开展的研究中，使用激素类避孕方式的女性要么没有被选为参与者，要么她们的结果会被单独分析，因为我们有充分的理由相信，激素类避孕方式会影响女性的择偶偏好。多年来，我们研究了女性的发情行为（例如"漫步"行为略有增多，选择更为暴露的衣服，或者更有竞争意识）以及女性在他人眼中的印象（她看起来很有吸引力，她的气味很好闻），得出的很多结论都基于女性在"高生育力时期"——你已经在书中反复看到过这个短语——的想法和行为。

但发明激素类避孕方式的目的正是抑制生育力，从而阻止怀孕，这意味着不会出现"高生育力"水平。换句话说，当女性选择了激素类避孕方式时，她就选择了放弃排卵周期的波动。在使用雌激素-孕酮复合药物时，常规激素波动导致发情的反馈回路被有效地消除了，在这层意义上，她不再"受激素左右"了。在后文中，当我提到激素类避孕方式阻止发情的作用时，我排除了只含孕酮的"迷你药丸"（小剂量口服避孕药）和其他只含孕酮的手段。在服用只含孕酮的避孕药的人中，多达 40% 的人可能会继续排卵，我之后会单独讨论这个问题。说"避孕药"阻止了发情，是不正确的，因为要看是哪种避孕药。

由于激素周期主要是被雌激素-孕酮避孕方式消除的，因此一些研究者甚至表示，使用这类避孕方式会影响女性的吸引力，导致她做出不利于下一代的择偶决定（从而危害未来的后代），并引发感情问题，尤其是影响与长期伴侣的关系。这是有争议的，部分因为在面对方便且有效的避孕方式时，女性选择使用它也不对，不使用它也不对。这里还隐含着一层看法，那就是女性是严格受到激素控制的——即使在她们放弃受激素左右的时候！你会看到，其实这个故事没有那么简单（并且在这些问题上，有些说法大错特错）。

·如何避孕

激素类避孕方式可以分成两大类：

1. 包含雌激素和孕酮的避孕方式：
   • 一种"复合避孕药"：每天服用，服用 21 天激素，暂停 7 天（让身体通过来月经短时恢复周期[1]）
   • 透皮贴剂：贴 21 天，然后 7 天不贴（月经期），之后换新贴剂
   • 阴道环：置入并携带 21 天，然后取出，7 天不携带（月经期），之后换新的阴道环
2. 只包含孕酮的避孕方式：
   • "迷你药丸"，它叫这个名字并非因为它很小，而是因为它只含一种激素，而且"迷你药丸"中的孕酮剂量比复合避孕药中的孕酮少得多：连续 21 天，每天服用，然后 7 天不服用（月经期）
   • 宫内节育器：置入体内并携带 3~5 年（不可混淆含孕酮的宫内节育器与不含孕酮的带铜宫内节育器）
   • 注射：有效期可达 3 个月
   • 皮下埋植：在上臂植入火柴棒大小的孕酮软棒，最长携带 4 年

虽然我探讨的重点是"避孕药"，但请注意，贴剂、宫内节育器、注射和皮下埋植都是通过与口服避孕药同样的机制达到避孕目的的。

雌激素–孕酮避孕法通过抑制排卵来达到避孕目的。卵巢停止排卵，卵子无法受精，子宫内膜变薄，就算有"不安分的"卵子，也很难着床。万一有一枚卵子成功通过输卵管来到子宫，孕酮也会导致宫颈黏液增多，从而阻止精子进入卵子。双重保险背后的逻辑很简单：理想情况下，雌激素会保证卵子出不来，而孕酮会保证精子进不去。

若采用只含孕酮的避孕法，一些女性可能会停止排卵，但据报告，停止排卵最多发生在 40% 的情况中。因此，要想避孕，孕酮非常重要，它是拦住精子的宫颈"百慕大三角"。

不使用激素类避孕方式时，宫颈黏液在排卵周期中会不断发生变化。随着生育力高峰的临近，宫颈黏液变得稀薄、量多，可以为精子提供生物化学营养，因此精子可以在输卵管里存活好几天，等待卵子的到来。为了帮助受精，宫颈黏液会变得滑溜溜的、有弹性（生育专家喜欢说它像蛋清），使精子轻松通过，接触卵子。宫颈黏液也可以过滤结构异常的精子（类似高级夜总会的门卫："你模样好，你进去。不，你样子奇怪，病恹恹的——不准进"）。

但只含孕酮的避孕法，如"迷你药丸"，会将宫颈黏液变成砖墙和流沙。前文说过，孕酮会使宫颈黏液增稠，拦住精子的前进。精子试图穿越重重阻碍来到卵子身边的希望会破灭。万一有精子取得了初步的进展，它们也会被困在宫颈黏液里，音信全无。孕酮跟精子对抗，谁会赢？根本不存在对抗——精子是在自寻死路。（当然，若不采用避孕方式，在一个造人的好日子，冲锋陷阵的数千万个精子中的大部分还是会死去。但只要有一个突出重围就成功了。）

对一些女性来说，雌激素–孕酮避孕法或只含孕酮的避孕法的副作用决定了她们会选择复合药物还是"迷你药丸"。"迷你药丸"只含有小剂量的孕酮，并不像复合药物那样"厉害"，对发情的影响也不大，但有人选择"迷你药丸"的原因是，它不像含雌激素的复合药物那样与血栓、脑卒中或心脏病有关联。对于吸烟者，孕酮可能也比复合药物安全一些，对于正在喂母乳的女性来说，孕酮不会影响母乳的分泌。（是的，喂母乳会抑制排卵，因此也是一种避孕法，但不总是有效。"爱尔兰双胞胎"并不都是爱尔兰人，而且他们根本就不是双胞胎。[①] 若想了解更多关于母乳喂养及其对激素周期的影响的内容，见本章中"饥饿的激素干扰者：生孩子和喂母乳"一节。）

口服避孕药的品牌和配方众多，还有很多无商标的版本，并且与其他药物一样，所有避孕药都可能有副作用。如果一名女性的病史和当下的健康状况不构成问题，她也没有个人偏好，那么她的医生可以向她提供自己最为熟悉的配方（也可以是药品经销商觉得最有说服力的版本）。只要遵医嘱服用，两类避孕药可以达到同样的避孕目的，但两者的共同之处仅止于此，因为复合药物会消除"高生育力"阶段以及相关行为。

雌激素-孕酮避孕方式会关闭发情开关，主要是因为大脑不再分泌促性腺激素释放激素——第三章中讨论过的负责排卵的舞台监督。促性腺激素释放激素会触发促卵泡激素和黄体生成素水平在初期和关键时期的升高，适合受精的健康卵子的排出和维持都受这两种激素控制。没有促性腺激素释放激素，身体中仍会有促卵泡激素和黄体生成素，但由于不会排卵，它们的水平在整个周期中会保持不变。类似的是，有着自然波动的雌激素和孕酮也会被维持在中等不变水平的雌激素和维持在最高

---

① 过去，当两个孩子相继在 12 个月内出生时，人们通常称他们为"爱尔兰双胞胎"。但是这种说法被认为已经过时，它传递了对贫穷的爱尔兰天主教家庭有很多年纪相近的孩子的刻板印象。——译者注

水平的孕酮取代。在图 8.1 中，上面是正常的周期，下面是被复合药物改变的周期。

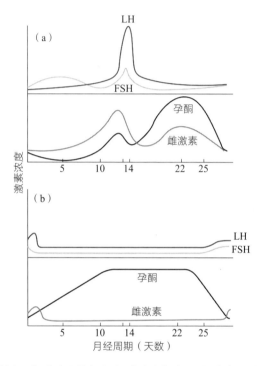

图 8.1　正常排卵周期（a）和被复合避孕药改变的排卵周期（b）四种激素水平的对比

　　复合药物扰乱了排卵和发情行为。女性在选择药物时，不大会注意口服避孕药的差异，除非她们在做决定时有意识地考量了副作用或自己的健康史。女性也不太可能问这样的问题：复合药物（或者其他雌激素–孕酮避孕方式）对激素智慧和引导女性决策的行为（及其性行为和社会命运）的影响会达到何种程度？让我们来探讨一下这个问题和一些可能的答案。

·边吃避孕药边物色对象：找一个和自己一样的人

因为发情欲望会促使女性寻找拥有优质基因的潜在对象，我们便很容易得出一个结论：女性在使用阻断发情的激素类避孕方式时便终止了物色对象行为。至少，有些研究者[2]提出过这种观点，他们指出，这个例子可以证明，在生育健康后代的问题上，避孕药可能会造成麻烦。这个理论的基础是，有研究发现使用雌激素-孕酮避孕方式的女性会被一些基因上不相容的男性吸引，因为双方的基因太相似了。

之前我解释了MHC基因的作用（见第六章中"卿卿我我"一节），以及MHC不同的父母生育的后代更为健康的原因：来自父母的不同的MHC会增强后代的免疫系统，减少近亲繁殖的负面影响，例如降低疾病和畸形的发生率。看看戈雅画的著名的西班牙王室家族，你会发现他们倾向于通过近亲结婚来巩固权力，产生了近亲繁殖的夫妻，你会看到MHC相似的王族后代身着绫罗绸缎的样子。不过，先别管宫廷之争，令人好奇的是，人类女性为什么会被"支使"着去找危险的相似基因来生孩子（并毁灭他们的健康）呢？

有一种理论的基础是，当避孕药阻断了排卵时，身体会进入一种类似早期妊娠的状态，特别是在周期的后半程，这时孕酮水平会特别高。有些科学家认为，孕妇的孕酮水平会急剧上升，她们处于最脆弱的阶段，因此会选择与自己的亲戚——他们的遗传物质相似——近距离接触，而不选择与陌生人接触。如果一个潜在的对象出现在服用避孕药的女性面前，虽然她没怀孕，但她的身体认为她怀孕了，因此她如果察觉到一丝MHC的相似性，就可能会被他吸引。[3]

但这种解释存在几个问题。虽然避孕药的某些配方可能会导致身体出现类似怀孕的某些表现（最明显的是不排卵），但怀孕时身体产生的孕酮量远比激素类避孕药带来的合成孕酮量大得多。认为避孕药造成了假怀孕的状态，从而导致基因相似的夫妻结合，是一种过度简化的观点。

大约 10 年前的少数研究首次提出，女性的择偶雷达会因为激素类避孕药而失控，这些研究结果成了头条新闻，文章的语气近乎恐慌，传达着危言耸听的信息，例如："避孕药会毁掉你的人生！"[4] 除了女性会选择 MHC 相似的伴侣，还有一种流行的说法认为，服用了激素类避孕药的女性也会选择不太阳刚的男性，因为她们永远不会达到高生育力的状态。她们不会被长相对称、嗓音浑厚的"阳刚"男性吸引，吸引她们的是某些原始而典型的代表高质量健康基因的男性特征。

如果女性使用避孕药，那么性感男士该何去何从呢？（男性发明的）避孕药是书呆子的报复吗？

·关系质量：找男人要找对，找女人则无所谓

关于物色对象和激素类避孕方式影响的研究又捅出了一个对爱情不利的理论——有长期伴侣的女性若是在使用激素类避孕方式以前遇到自己的伴侣的，那么在开始使用激素类避孕方式后，她们对伴侣的好感度会下降。发情会停止，女性从男朋友或者丈夫（为时已晚！）那里感受到的性吸引力也会终止。当女性服用避孕药后，激情的火花不单单是熄灭而已——激素类避孕方式会让火苗燃不起来。噢，又是你啊。

科学家预测，激素类避孕方式还会影响其他方面。如果女性在约会期间使用阻断发情的避孕方式，并在确定关系后停止避孕，她们就会突然醒悟，看清自己的男性伴侣实际上非常令人厌倦。我怎么会被他吸引？这一理论的逻辑是，由于女性停止了使用激素类避孕方式，那么她可能会感受到发情冲动，并被另一个类型的男性吸引——阳刚，长相对

称，浑身散发着优质（比她目前伴侣的基因好多了的）基因气息的性感男士……或者至少她在高生育力那几天会有这种想法，或许有些女性甚至还会因为这种吸引而行动起来，寻找其他的伴侣，至少在生育力窗口期会这样。

新的关于避孕药作用的危险理论似乎层出不穷，只要这类观点不断出现，就会有另一种预测：避孕药会让女性失去吸引力和变胖（因为没有了周期中期那些燃烧热量、跑滚轮的日子）。科学家根据对发情行为的研究推断，没有了高生育力阶段的女性不会再想"装扮"，不会再出现消耗热量的漫步行为。（我可以想象，在某个实验室里，研究者给发情大鼠的饮用水中加入了雌激素-孕酮，目的是看看它是否会停止跑滚轮，并增重几盎司[①]。）是的，避孕药可能会让与"还算过得去的"男性处于感情泥淖的女性穿着大码的脏T恤，抱着一袋饼干在沙发上安营扎寨。（她大概也不会很有竞争意识。工作表现上不积极，更别提参加网球赛了……）

避孕药被认为有潜在的害处，但对于女性择偶偏好以及关于择偶不当或感情破裂的那些铺天盖地的泛论，我是持怀疑态度的，因为才刚刚出现一点儿证据而已。

我的博士生克里斯蒂娜·拉森强烈谴责过度简化避孕药的说法，尤其是因为实际上，可靠的避孕方法会给女性带来极大的自由。她令我相信那些说法的证据是不充分的。她在论文[5]中慷慨激昂且细致地评价了每项相关研究，这些研究的主题都是女性的择偶是否因为使用激素类避孕方式而有所不同。她提出，这些研究证据都不够充分，研究结果不一致，有些研究少说也是20年前做的，没有使用后来更严格的改进方法

---

① 1盎司约为28.35克。——编者注

（从而出现了不同的结果）。例如，并非所有测试女性高生育力时期偏好的实验都会排除激素类避孕方式的使用者，或者会区分使用和不使用激素类避孕方式的女性。即使研究者区分了这两类人，他们也没有区分不同的用药机制（比方说，复合用药是阻断发情的，而"迷你药丸"只会阻断精子，并不总会阻断排卵）。此外，拉森指出了过度简化的逻辑中存在的一个重大缺陷：我们会在使用激素类避孕方式时选择错误的长期伴侣——几乎所有过往的研究都表明，女性在整个排卵周期中偏好的改变，针对的是短期伴侣或者她们当前认为有吸引力的伴侣，而不是打算长期厮守的人选。基于这种规律，使用避孕药不应导致对长期伴侣的选择发生很大变化。

· 避孕，矛盾，以及一些结论

我和拉森想要检验一下"避孕药（以及其他激素类避孕方式）可能导致女性选择基因不相容的男性"的说法。[6]因此我们启动了一项调查，使用了大量长期伴侣的样本，其中包括已婚人士。预想的情况是，一段关系开始时，如果女性已经开始服用避孕药（这时发情开关被关闭），那么与女性没有服用避孕药的伴侣相比，这段关系中的伴侣会出现更多 MHC 相似的情况。出人意料的是，我们发现一种相反的趋势。[7]在女性服用避孕药一段时间后确立关系的伴侣，相较于在确立关系后女性才开始服用避孕药的伴侣，会出现更多 MHC 不相似的情况。这个发现让"避孕药会让女性选择错误的男性"的说法无法成立。

在我们做这项研究的差不多同一时期，有一项方法严谨的研究表明，服用避孕药时开始恋情的女性在分手时，对恋情的满意度有所下降，但这种情况只会出现在她们的男性伴侣的颜值较低时（他们的颜值由非相关人员评定）。[8]

总之，虽然避孕药可能不会导致女性选择 MHC 相似的伴侣，但是，无论女性是否在开始恋情时已服用避孕药并在之后恢复正常排卵周期，这都会影响她对伴侣颜值的看法。

那么女性在整个排卵周期中受到的吸引力会有什么变化呢？如果服用避孕药后，女性不会感受到发情欲望，无法在每个月的某几天被阿尔法男性吸引，会出现什么后果呢？

拉森的论文中还有一项调查，研究的正是这个问题。她在一个月的时间里追踪了一些女性和她们的另一半，比较了两种情况的伴侣：一种是女性服用雌激素-孕酮复合避孕药，一种不使用激素类避孕方式。与我们之前的研究结果一样，她发现，若自然度过排卵周期的女性认为自己的男性伴侣性吸引力较低，那么在其高生育力时期，她会发现其他男性对自己的吸引力有所增加。而服用避孕药的女性受到的"伴侣之外"的吸引力没有表现出上升趋势。这引发了一个问题：激素类避孕方式是否在某种程度上起了保护恋情的作用？避孕药的影响肯定是有的，但事情并不是"搞砸择偶"这么简单。

挪威的新研究[9]给这个故事带来了新的层次，给女性提供了不同的干扰激素的机会。研究者总结认为，不同配方的激素类避孕方式会对我们的关系产生不同的影响，因为孕酮剂量更大的避孕方式对长期性行为有更多影响，而雌激素剂量更大的避孕方式则对发情期有更多影响。的确，服用更大剂量的孕酮并对稳定伴侣忠贞不贰的女性，会在排卵周期中与伴侣有更多性行为，符合长期性行为的模式。服用雌激素浓度更高的避孕药的女性表现出了相反的模式——她们对伴侣越忠贞，与伴侣的性行为就越少（或许是因为她们留意的是性感男士，而不是稳定型男士）。

我个人的看法是，对于女性而言，在激素方面所做的明智之举是按照她自己的意愿使用最佳方式控制自己的生育力。或许这意味着她需要就每一种避孕方式中的激素浓度与妇产科医生做更长时间的交流。她也可以选择不改变自己的激素（比如，使用非激素类的宫内节育器），尽情享受发情的乐趣。

丁字裤理论

与自然度过排卵周期的女性相比，服用避孕药的女性在周期中期吸引力不足。同意这一观点的人提到了一项经常被引用的 2007 年的研究，研究的是 18 位脱衣舞演员——其中一些人当时在服用避孕药——以及她们在接近排卵日和高生育力阶段的时候所赚的小费数额。[10] 由于在脱衣舞表演过程中，舞者的私密部位与男性客户之间会发生半遮半掩的亲密接触，要比较服用避孕药和不服用避孕药的女性在周期中期的实时魅力值，很难想到比这个更好的（合法）方式了。

结果是，在 60 天（2 个周期）的过程中，自然度过排卵周期的舞者赚得比服用避孕药的同事多——在生育力高峰以及排卵信号明显的时候，她们每 5 个小时轮班所赚的小费大约为 80 美元。此外，没有服用避孕药的舞者每个小时的平均收入会有起伏，这取决于她们处于周期中的不同阶段——发情期 70 美元，黄体期 50 美元，月经期 35 美元。两组舞者都在来月经时收入变少，但服用避孕药的舞者在排卵日的收入没有出现增长。若想从这项研究中得出什么耸人听闻的结论，它可以是：避孕药不仅会让女性失去吸引力，也会让女性失去收入。

其实不然。虽然我非常关注长期追踪女性的研究，那种想要更好地评估女性在排卵周期中变化（以及追踪女性"在自然状态下"）的研究，但上面说的研究体量太小，我们并不了解研究中的女性的一些重要情况，比如她们使用的是什么激素配方。很可能她们当中的大多数或全部都吃的是复合药物，因为这种配方最常被使用。但也要考虑到不使用可靠避孕方式的女性会面临的经济后果，从长期的成本和好处（而不是从短期的吸引力方面）考量，并需要仔细研究她们的损益底线。有效的激素类避孕方式的社会经济利益远远大过由于无法控制职业和获得高收入而付出的高昂成本（除非你是脱衣舞演员）。

○饥饿的激素干扰者：生孩子和喂母乳

一般在产后 6 周做检查时，无论新手妈妈是否在喂母乳，医生都会让她们开始服用避孕药。妇产科医生通常会一脸严肃地传达这个信息，而女性的表情可能是："做爱？你在开玩笑吗？"这个时期的妈妈很可能背着一个鼓鼓囊囊的包，里面塞满了新生儿的用品，加上她自己要用的各种形状和尺寸的卫生用品，因为她还在随处漏尿。虽然她听从了医生的建议，但她还是抱持着老一套的想法——刚刚生完孩子本身就是一种避孕手段，做爱无论如何都不在考虑范围内，至少得等孩子能连续睡 3 个小时以上再说。

与激素类避孕方式一样，怀孕、生产和喂母乳都会显著地扰乱排卵周期，其目的很明显——保证生育和对后代的养育。通常产后要过几个完整的排卵周期，激素才会恢复到怀孕前的水平，包括月经期在内的整个排卵过程以及再次怀孕的能力才会恢复。（与之不同的是，使用反应迅速的只含孕酮的避孕方式时，可育期会不一样，比如，若使用只含孕酮的宫内节育器，在取出后的几周甚至数天内就可以怀孕。）

· 自然的避孕方式

喂母乳可以作为一种避孕方式，是因为它能暂时抑制排卵。催乳素有助于抑制雌激素和促进生育的其他激素。母亲喂母乳越多，她的催乳素水平就越高。（因此母乳喂养专家会让妈妈们多泌乳，只要婴儿饿了，就要"按需"喂奶，这样会维持催乳素的高水平，让母乳源源不断。）

但是，为了将"哺乳闭经避孕法"作为有效的避孕手段，妈妈必须专门按宝宝的需要喂母乳——"专门"指的是只喂母乳，不喂其他食物，不用奶瓶喂补充的配方奶，甚至不能用奶瓶喂母乳。有专家认为，在保持催乳素的高水平时，用吸奶器吸母乳再喂不如直接喂有效，而用奶瓶喂则会导致众所周知的"奶嘴混淆"（因此也不能使用安抚奶嘴）。如果使用哺乳闭经避孕法，为了维持足够的催乳素，妈妈应该规律且频繁地喂孩子母乳，理想情况是每两三个小时喂一次，夜间也应如此。错过喂母乳时间、将母乳挤出用奶瓶喂或者不时喂配方奶，不一定会造成令人扼腕的避孕失败，不过，一旦催乳素水平下降，雌激素水平就会迅速上升，让身体回到自然的排卵周期。如果催乳素水平下降发生的次数足够多，那么整个生育力会恢复，喂母乳就不再是有效的避孕方式了。

简而言之，使用哺乳闭经避孕法需要投入精力和灵活安排时间。对于女性祖先来说可能很管用，因为她们能够将所有注意力都放在育儿上。（毕竟，她们不用在休完产假后回去上班。）人类学家猜测，在那个时期，人类儿童要到将近 3 岁才会完全断奶[11]，不过这时候他们已经可以吃其他食物，喂母乳抑制生育力的效果很可能不再完全有效。不过，因为女性祖先无论去哪儿都要带着孩子，直到孩子学会独立走路，所以女性进化出了这种自然的避孕方式，让妈妈们在再次怀孕前有段时间休息，这是有道理的。

　　最终，即使喂母乳超过了美国儿科学会建议的 6 个月，妈妈还是会来月经的。（美国儿科学会建议纯母乳喂养 6 个月，另外要有至少 6 个月辅助性的母乳喂养，加上固体食物，也可以补充配方奶，直到婴儿 12 个月大。）实际上，排卵的恢复时间可以先于月经，因为当自然的激素水平恢复平衡后，生育力也会在产后恢复到原来的状态。比如，可能有足够的促卵泡激素和黄体生成素触发卵子的成熟和释放，但如果雌激素和孕酮水平仍然很低，月经就不会来。在这种情况下，如一些医生所说，子宫内膜"功能不全"，这意味着子宫内膜无法为受精卵的着床提供支持和营养。（但我要问：如果男性做了输精管切除术，正在恢复期，医生会说男性睾丸功能不全吗？）反过来，也可能会出现有月经而无排卵的情况，也就是子宫内膜恢复了功能，但是没有卵子排出。

　　发情期恢复与生育力恢复的方式一样，当女性从妈妈脑逐渐转向恋爱脑时，自然周期就回归了。

· 另一种与喂母乳相关的激素

　　除了催乳素，催产素的水平也会随着喂母乳而升高。催产素负责哺乳期妈妈都会经历的射乳反射，帮助释放乳汁进入乳腺管。催产素也会促使产后子宫肌肉收缩：新手妈妈给新生儿喂奶时所产生的催产素会帮助产后的子宫收缩，回到怀孕前的大小。

很多人把催产素叫作"拥抱激素",而催产素在产后确实有另一个重要作用。催产素是一种联结人际交往的重要激素,它会增强母亲保护和照顾婴儿的欲望,因此是造成熊妈妈效应的一个主要因素(见第七章中"熊妈妈效应"一节)。当然,非母乳喂养的妈妈也会保护欲爆棚。催产素不仅会在哺乳时分泌,也会在生产和与新生儿互动时释放。但喂母乳似乎会增强熊妈妈效应,或许为后代提供了额外的保护,因为在婴儿出生后,催产素会立即帮助妈妈保持对攻击、意外和疾病威胁的警惕。

除了在泌乳和亲子联结方面有作用,催产素(或许与催乳素一起)也参与调制了作为一种天然的抗抑郁剂的"产后鸡尾酒",因此与非母乳喂养的妈妈相比,喂母乳的妈妈表现出了更低水平的产后抑郁。美国疾病控制和预防中心估测,大约每9名新手妈妈中就有1名说自己出现过抑郁症状。[12]与暂时的抑郁情绪不同的是,产后抑郁症不会自己消失,通常需要治疗。(新手妈妈在产后感觉到各种情绪是很正常的,包括抑郁情绪,但短暂的产后低落情绪与产后抑郁症是不同的。)

我和以前的博士后学生珍妮弗·哈恩-霍尔布鲁克探究了产后抑郁症与喂母乳之间的关系,查看了已有的数据,数据表明喂母乳的妈妈的产后抑郁水平较低。[13]虽然研究表明喂母乳可能会缓解抑郁,但我们认为情况更复杂。我们想知道,产后抑郁症是否如糖尿病或心脏病一样,是另一种"现代文明疾病"。我们认为,在女性祖先中很可能不存在(或者很少有)产后抑郁症,因为那时候的新手妈妈没有现代的压力因素。

女性祖先很可能不是独自承受育儿压力的。她们与很多亲戚一起生活在家族和社会群体中,这意味着帮助总是近在身边,而现代家庭则不同,家庭成员们可能分布于不同的时区。要单独照顾一个脆弱的婴儿,哪怕是和伴侣一起,有时候也会让人觉得崩溃,尤其是在没有社会支持网络的时候。

　　复查研究结果时，现代的妈妈们所要面对的其他压力因素也引起了我们的注意：饮食中缺乏有消炎作用的奥米伽-3脂肪酸，而奥米伽-3脂肪酸被证明有助于减轻抑郁症状（由于担心汞超标，孕妇被建议少吃富含奥米伽-3的鱼）；阳光照射量低，而阳光会帮助合成维生素D，这也是一种抗炎症的营养物质；体育活动不足，这会对情绪健康造成负面影响。有些女性会选择不喂母乳，或者无法喂母乳。职场妈妈可以在休产假时哺乳，但很可能会在婴儿出生不满6个月时就开始给孩子断奶，或者将乳汁吸出来喂孩子。我们不敢说喂母乳一定会减轻产后抑郁的症状或者是所有妈妈的最佳选择，因为喂母乳本身可能会成为一种令人难以招架的压力因素（缺乏时间，缺乏睡眠，缺乏工作单位或家庭的支持）。此外，并不存在确定的证据证明母亲在给孩子断奶时会得抑郁症。

　　产后抑郁症以及新手妈妈都会感受到的正常情绪波动，通常也是给女性贴"受激素左右"标签的另一理由。"这星期别给她打电话了，她刚生完孩子，非常容易受激素左右！连帽子掉到地上都会惹得她哭或者生气。"新手妈妈不需要因为是否喂母乳和喂母乳的"表现"而受到评判。她们需要的是无条件的支持，尤其是在缺乏大家庭和亲属的时候，而这些是我们的女性祖先曾享受的。喂母乳当然可能是有益的，但它不是唯一的选择。

　　根据我的个人经验，喂母乳确实帮我顺利过渡成为母亲。我曾对给双胞胎喂奶怀有疑虑。我对某些宣扬母乳喂养的教条有些反感（和恐惧）。我真的必须每天产出1加仑^①乳汁吗？（是的。）而当我体会到为了安抚一个哭泣的婴儿（或者两个——幸好有一种婴儿专用枕头），我

---

① 美制1加仑约为3.79升。——编者注

可以轻松哺乳，感受我与他们的亲密，把他们抱在胸前感受温暖轻柔的呼吸声和平静时，我真正地成为母乳喂养的信徒。我也对祖祖辈辈的女性所做的这件事感受到一种亲切的共鸣。（另一个好处：由于我对热量的需求增长了 50%，我发现食物变得前所未有地美味。）为了给两个婴儿哺乳，我有权从工作和家庭中得到我所需要的支持。我的哺乳很顺利，但确实，哺乳并非唯一"正确的"方式，不是每个人都适合，很多爱孩子的母亲可以不通过喂母乳就让孩子得到充足的营养。

对我而言，喂母乳实际上变成了一种适应做母亲的方式。当然，也有其他方式。幸运的是，与小家伙依偎在一起，感受肌肤之亲，依赖经验丰富的已为人父母的朋友以及伴侣（如果有的话），并且照料好自己的生理和情感需求，晒晒太阳、进行体育活动、小睡都会产生奇迹般的影响，都是在你扛起改变人生的重担，成为母亲时，为身体和精神注入新能量的有效方式。

如果你不是一名母亲，那么你可以轻松地成为妈妈们所需要的社会支持网络中的一分子：激素智慧并非仅仅关于大脑和身体如何受到生孩子和哺乳的改造，也关于在女性成为母亲时，对她们——姐妹、陌生人、同事或者员工——给予更多支持和理解。

树鼩的激素智慧

东南亚的普通树鼩妈妈体形虽小，但很聪明。它们总是生双胞胎。但成年树鼩会建两个独立的窝：一个给孩子用，一个给妈妈用——其实爸爸也能用。树鼩通常为一夫一妻制，所以当孩子出生时，雄树鼩总是在窝里帮忙。实际上，建窝的是雄树鼩。双胞胎出生后，树鼩妈妈会退到"孩子免进"的窝里，但会回来给孩子喂奶。树鼩妈妈会来看看孩子，一次待上 10~15 分钟，两天看它们一次（树鼩的乳汁营养极为丰富）。然后它们会匆匆穿过树枝，回到自己的窝里。这是树鼩妈妈自我争取的"个人时间"！当双胞胎大约 3 个月大，并且断奶后，它们会被允许住在父母的窝里，直到可以出去寻找自己的配偶，而它们的小家庭应该会沿袭同样的共同育儿方式。

○良药还是毒药：激素替代疗法

你如果认为如今面向消费者的治疗勃起功能障碍的药物广告令人尴尬，那么想想古早的倍美力平面广告吧。倍美力是一种早期的激素替代疗法药物，1942 年由美国食品药品监督管理局批准，用来治疗常见的绝经症状，超过 75 年过去了，医生还在给病人开这种药。

"暮色时分的平静……"早期广告古雅的标题如此写道，广告展现了一名女性站在料峭的微蓝暮色中沉思——象征着女性刚刚步入人生的暮年。她看上去像是已经找到了内心的平静（在用怀孕母马的尿液人工合成的雌激素的帮助下），虽然"身体的变化"显然让女性彻底地疯了，但这位曾经狂躁的女士不再如此。她服用了倍美力，她现在很放松。

20 世纪 60 年代有一则广告，展现了一对快乐的夫妇站在运动型帆船上。广告标题是"丈夫们也爱倍美力"，身为船长兼指挥官的丈夫对着镜头露齿一笑，他的妻子崇拜地注视着他。（她找到了暮色时分的平静！）广告上说，一位医生在病人绝经时给她开了倍美力，"通常会让她再次容易相处起来"。在开始使用激素替代疗法前，她可真爱唠叨啊。

这则广告的目标受众很可能是内科医生，因为当时向消费者直接宣传处方药的广告还不普遍。广告继续说，男性要"承受商业上的血雨腥风，回家还要忍受绝经期老伴儿带来的情绪风暴"，实在不容易。（毕竟，女性是一种疯狂的、受激素左右的雌性动物。）[14] 但只要开始服用倍美力，老婆就会"恢复成原来那个快乐的女人，丈夫对倍美力会非常感激"。

为了治疗绝经期的一些更为不适的症状，尤其是潮热、夜间盗汗和阴道干涩，数十年来，女性都在寻求解决方法，包括倍美力以及其他品牌和配方的激素替代疗法药物。（与激素类避孕方式一样，激素替代疗法可以偏重于一种激素——治疗绝经用的是雌激素——或者雌激素–孕酮类化合物的平衡配方。）激素替代疗法是有效果的，但这种干扰激素的方式并非没有争议，一些女性也会面临相当大的健康风险。通往暮色时分的平静的道路并不好走。

·永远做女人：化学成就更好的人生

与青春期、经前期综合征、月经期和妊娠期一样，绝经期也是一个激素阶段，医学界、制药公司和一些健康专家似乎都将其主要当作一个需要解决的问题，一个更棘手的女性身体阶段。激素替代疗法的创新使用，总的说来，是女性健康领域的一个积极的转变，但最初，男性医生在常规性地给病人开激素药物时，几乎给人的感觉是：这种"身体的变化"是需要治疗的疾病，并且"绝经期"的心理症状——而不仅仅是生理症状——极其严重，包括"精神恍惚"。（倍美力在它打了数十年的平面广告上还写过这样的标题："当女性活得比自己的卵巢久时""出大问

雌激素：关于情绪、陪伴与爱

题了""她的家人震惊了"。)

1966 年，纽约的妇科医生罗伯特·A.威尔逊出版了畅销书《永远做女人》，他在书中将失去雌激素描述成一种本可以避免的悲剧。书中有一些"精彩"的言论，包括"绝经期的痛苦相当于损毁整个身体"；讨论绝经症状时，他说"这如同活着同时在腐烂一般可怕"；绝经期的女性"不再是女性，而是无性人"。[15] 那么有什么办法呢？他说，使用人工合成激素的激素替代疗法是"绝妙的点子"，但他其实在说大话，这里面问题重重，因为他的书是在美国食品药品监督管理局批准倍美力20 多年后出版的。其实，威尔逊与为激素替代疗法生产人工合成激素的制药公司有经济利害关系，不过这件事过了很多年才被人知道。同时，《永远做女人》欺骗了医生和病人，因为它在一定程度上造成了人们在绝经期服药的潮流。给进入绝经期的女性使用激素替代疗法成为常规操作。

此前不到 10 年，年轻女性刚刚被开了第一批避孕药。现在，她们的妈妈也有了属于自己的药——有时候被叫作"青春药"。[16] 在两代人的两种情况中，由于对药物了解不足，女性的健康都在受到损害，无论她们的症状是生理的还是心理的。

·坏药

甚至在那些充满性别歧视、属于《广告狂人》背景年代的广告消失多年后，讨论激素替代疗法和女性身体"改变"的语气依然迫切，其中还夹杂着恐慌和畏惧。20 世纪 80 年代和 90 年代的电视广告表现了忧心忡忡的女性向医生或彼此咨询，讨论绝经期令人不适和尴尬的症状以及对此的恐惧，话题涵盖了绝经与骨质流失、心脏问题、阿尔茨海默病、结肠癌，甚至与牙齿脱落和失明的关系。女性被告知，激素替代疗法会让这段地狱般的进程就此刹车。实际上，美国医师协会从1992年起正式将激素替代疗法推荐为一种预防性疗法，认为它尤其能防止冠心病、骨质疏松和痴呆。[17]

但激素替代疗法并不是灵丹妙药。正相反，有些女性因为使用合成激素而损害了健康。从20世纪90年代末起，心脏和雌激素/孕酮替代疗法研究及女性健康倡议研究表明，绝经10年以上并使用了激素替代疗法的女性心脏病发作、得脑卒中和血栓的风险正在上升。2002年，一项涉及女性使用激素替代疗法和安慰剂的大型临床试验被叫停，因为使用激素疗法的女性患乳腺癌的风险会升高。(而且不是仅仅存在"风险"而已。使用激素替代疗法的病人还起诉了制药商，因为她们被确诊患上了心脏病和癌症。)

起初，女性被建议停止雌激素疗法的原因是，该疗法带来的心血管风险超过了其益处。为了缓解潮热等症状，一些女性使用了其他方式，包括食用豆类食品（因为豆类含有植物性雌激素——以植物为基础的弱雌激素）、黑升麻等草药，以及使用从特殊的调配药房得到的生物同质性激素（这种激素被认为比大规模生产的合成激素更"天然"）。但这些方法往往有缺陷，或者没有效果，不受监管的疗法也有自己的健康风险。（例如，生物同质性激素会因为调配药房的不同而在治疗和效果上大相径庭。）

如今，医生和研究者已证实，雌激素疗法的使用时间和类型非常重要。比如，在绝经后的6~10年内，服用雌激素会降低心脏病风险。但在绝经10~12年后，雌激素会提高心脏病发作或得脑卒中的风险。[18]多年来，制药商也重新调整了产品的配方，试图降低风险。（就像激素类避孕方式中的情况一样，药片一直是最受欢迎的激素替代疗法形式，但也可以使用局部贴剂、乳霜、喷雾剂、凝胶、阴道环和栓剂的形式。）大家似乎都一致赞同一种底线建议：若要使用激素替代疗法，则尽可能在最短的时间内使用最小剂量的有效药物。

　　或许，如果早在严重健康风险出现的几十年前就有更多实验室研究关注女性的问题，那么激素替代疗法可能会更为安全。安全而成功地使用激素替代疗法是可以做到的，但得到的经验教训也是明确的：应对绝经没有通用的方法，因为每个女性在自己的一生中都有不同的激素体验。将绝经或者其他任何正常的激素变化定义为一种需要治疗的疾病是错误的方法，对我们帮助不大。

·发情期的结束，并不意味着激素智慧的终止

　　《永远做女人》这本书大受欢迎，部分是因为它让读者对性爱重燃期待——雌激素疗法可以恢复女性的性魅力和性欲。威尔逊承诺道："中年人典型的身体变化可以发生逆转。"而性爱将没有间断，直至入土为安。"如今，几乎任何女性，无论什么年纪，都可以在一生中安全地享受充分的性生活。"书的封面如是说。一直会是热烈的发情期，从始至终！不过，若丈夫们担心自己雌激素爆棚、欲火焚身的中年太太不会放过前来修冰箱的维修工，威尔逊让他们宽心，解释了自己对长期性行为和成对结合的定义："雌激素水平高的女性能够在生理和情感上被自己的丈夫满足……是最不可能出去拈花惹草的。"[19]

　　这种温顺、忠贞、能满足自己丈夫的女性形象，似乎很符合那个时期——20世纪60年代，当时的女性正开始集体抬高呼喊的音量，而男性则不断地试图让她们闭嘴。（别忘了我们的另一位医生朋友，第一章里见过的埃德加·伯曼，他在20世纪70年代初发出警告：由于女性受制于"汹涌的激素影响",所以永远无法实现男女平等。)

这种对绝经期和激素替代疗法的古老看法基于一种观念,这种观念认为女性受到了激素的严格控制,因此,当性感的、女性特有的雌激素干涸时,女性的思想和身体也会枯竭。医疗机构给出的答案只是用合成激素令女性再次受到激素的影响,但合成激素可能会带来危险。至少在短期内,在她的健康受损前,她能够"享受充分的性生活"并令自己的丈夫快乐。

发情期始于青春期,止于绝经期,但是,说女性在可育周期终止后就丧失了性冲动则是无稽之谈。或许,当我们进入绝经期后,我们不再受到发情行为的驱使,但我们的性行为不再受到"找到有好基因的配偶和繁殖"这一古老需求的指使。驱使我们的是对伴侣的性唤醒、欲望和与伴侣的亲近。

那么,在这个阶段,我们是完全独立且有掌控权的,我们的激素智慧最终演变成了新的东西:明智。

○(非)自然的女性:重设生物钟

虽然我强调过,女孩和成年女性到达某些激素阶段的"平均"年龄各不相同,但在标准之外仍存在着一定的范围。作为现代女性在 18 岁或 45 岁生孩子是一回事,但在 8 岁长阴毛和乳房开始发育或者在 9 岁来月经则是另一回事。青春期提前的现象,在女生中比在男生中更普遍,也越来越常见,并且似乎与 21 世纪的多种因素相关。

数十年里,医生们认为 11 岁是女孩开始青春期的"平均"年龄——开始出现身体的发育,包括长出阴毛和腋毛、乳房发育、来月经,这些意味着她们最终具备了怀孕的能力。但 1997 年在《儿科学》杂志上发表的一项研究[20]表明，在美国 17 000 名女孩的样本中，白人女孩乳房发育的平均年龄不到 10 岁，黑人女孩则不到 9 岁。这项意义重大的研究的主要作者马西娅·赫尔曼-吉登斯曾是一位助理医生，一直在研究儿科学，她注意到 8 岁和 9 岁的病人出现了非常早的身体发育，包括乳房发育。（赫尔曼-吉登斯现在是妇幼健康方面的教授。）[21]

最初，似乎没人愿意探讨美国女孩可能提前进入青春期的问题，连小儿内分泌学家也不关注这个问题，因此赫尔曼-吉登斯的研究遭到了忽略或质疑。但出现青春期早期迹象的女孩们的父母坦然接受了这些令人震惊的事实，研究证明了他们对自己女儿的观察，他们观察到女儿身上出现了令人警觉的身体发育现象。2010 年，另一项发表在《儿科学》杂志上的研究揭露了更多惊人的数据，科学界一致认为确实出现了青春期提前的现象：研究者注意到，美国有超过 10% 的白人女孩、15% 的拉美裔女孩和 23% 的黑人女孩在 7 岁出现了乳房提前发育的情况。"7岁和 8 岁就出现乳房发育的女孩比例，尤其在白人女孩中，比一些研究中早 10~13 年生的女孩的比例高。"研究的作者总结道。[22]

关于青春期是否提前的问题不再有争论，但对这种现象的原因有很多的质疑。相关理论很多，包括认为原因是食物链中的潜在毒素和日常用品中的化合物。有些研究将青春期提前与家庭压力联系起来，因素包括母亲的抑郁情绪和继父的出现。或许在远古时期，艰难的童年相应会导致成熟期提前，这是合理的：你越早独立越好（如果你的未来是不确定的，最好别成为进化的终结者）。但我们生活在现代社会，在过于年轻时离开家的成本无疑会大于好处。

大脑是青春期以及一生的激素周期起始的地方，人们还在寻找造成年轻人大脑提前发生变化的外部因素。

· 环境因素

如果你有女儿，有妹妹，或者朋友圈和家人中有年幼的女孩，你很可能听说过，有毒的化学物质会导致青春期提前。有毒的化学物质包括双酚A，这种物质会出现在塑料制品中，从塑料食品包装到金属食品罐头的内壁以及收银机上的小票，无处不在。双酚A的分子结构与雌激素类似，有些科学家认为双酚A会对身体造成类似雌激素的影响，比如促使年幼女孩的乳房开始发育。

当消费者开始了解到双酚A对儿童和成人造成的健康风险（研究表明，双酚A与癌症、痴呆等一切疾病都可能存在关联）时，大公司便开始将自己产品中的双酚A去除——婴儿奶瓶和鸭嘴杯中不再有双酚A了——并提供了替代物。（如今"不含双酚A"的标签与过去双酚A的存在度一样高。）但有证据表明替代物也不一定更安全。

接触低浓度的双酚替代物（被称为双酚S）的斑马鱼会表现出与接触双酚A一样的生殖模式紊乱，包括胚胎发育加速，以及孵化模式加快。与双酚A一样，双酚S会影响神经内分泌系统，包括影响启动青春期的促性腺激素释放激素的分泌，最终会影响生育力。换言之，像双酚A和双酚S这样的化学物质会加速生殖系统的关键发育——而它们可能会对人类，包括年幼的女孩，产生同样的影响。[23]

虽然双酚A受到了大量的关注，但一些洗涤剂、杀虫剂、阻燃剂、邻苯二甲酸盐（一类在个人护理用品、地面装饰材料中广泛存在的化学"增塑剂"）及其他产品中仍存在着其他类似雌激素的化合物。虽然有些化合物对青春期提前几乎没有影响，但也有些似乎影响很大。有良知的研究不会让儿童（或成人）暴露于有潜在毒性的化学物质中，但这方面的证据是可以找到的。20世纪70年代初，密歇根的牛群食用的谷物曾

雌激素：关于情绪、陪伴与爱

意外受到一种叫作多溴联苯的阻燃剂的污染。科学家追踪了这种毒素对人群的长期影响，发现食用受到污染的牛所产的牛奶和牛肉的孕妇所生的女儿，与没有接触过多溴联苯的母亲所生的女儿相比，会提前一年来月经。

家长常常担心给孩子吃的乳制品来自服用了重组牛生长激素的牛，这种激素被加入牲畜的饲料，以提高牛奶产量。他们担心这会导致孩子青春期提前。饲料中添加了生长激素的家禽和牲畜让人们避之不及，还有其他原因：饲料中很可能还添加了抗生素，谷物可能曾被喷洒有毒的杀虫剂，这些毒素会聚积在动物脂肪中，包括动物的肉、蛋黄和乳脂。但仍未出现确凿的证据表明重组牛生长激素与女孩青春期提前明确相关。

不过，与食物相关的因素还有一个：食物过剩。

·扰乱激素的饮食

青春期提前的女孩往往有一个共同的特征——体重指数高，相应地也会有更高的体脂。体脂更高意味着脂肪细胞会释放更多瘦素。瘦素也被认为有助于刺激雌激素的合成，而且对月经的发生来说必不可少。脂肪细胞越多，瘦素就越多，触发青春期的雌激素也就越多。体脂、乳房的发育与月经是紧密相关的。[24]

瘦素还有一个微妙的作用：它也负责告诉大脑身体什么时候吃饱了，什么时候该吃东西了。营养学家指出，瘦素过多——部分因为脂肪细胞太多——最终会"打破"这种机制，意味着大脑更容易忽略瘦素发出的"我吃饱了！"的信息，从而导致过度进食。对于朝着肥胖发展的小女孩而言，减肥和停止瘦素-雌激素模式是相当困难的。（相反，以节食为方式的速效减肥和体重过低也会扰乱正常的瘦素分泌，导致月经推迟或紊乱、生育力降低，并影响其他基于激素的功能。缺乏适度体脂的女生——或许是节食或过度的体育活动导致的，也可能是两种原因共同导致的——的青春期往往会推迟。）

哪怕没有超重，在西方社会，女孩从出生起得到的营养通常也会非常充分。这不是坏事。我们作为一个物种能够存活，就是因为我们大规模地战胜了饥饿和很多疾病。女性祖先在食物匮乏时期不会生太多孩子，而当条件宽裕时，母亲也会变得多产（回想一下"进食需要 vs 繁殖需要"那部分内容）。

如今高营养和高能量的食物也会带来不良的后果。对女孩或男孩来说，身体一旦开始性成熟，便具备了繁殖的能力，即使在思想和精神上仍像个孩子。我们可能会在更小的年纪不经意地将自己的生物钟拨到了生育模式。那时候不是"初入"青春期，而是青春期提前了。

人类从未停止进化。

暂时或永远地打破周期

治疗儿童早熟的小儿内分泌学家可能会开一些叫作青春期阻滞剂的药物，这种药可以阻止雌激素和睾酮等性激素的分泌，阻断某些身体发育，直到男孩或女孩的心理发育"赶上"身体的发育。

近来，青春期阻滞剂被用于另一种并未说明的目的——治疗性别不明的年轻人，这些年轻人还在探索不同性别之间的转变，可能即将进入青春期，或者正处于青春期初期。一些跨性别支持者、医生和精神健康专家支持这种药物，因为性别不明的人群在身体完全发育的成年期前可能不太愿意表明自己的身份。等到身体发育成熟，如果不通过手术或其他重度干预，要逆转激素周期的所有结果就太迟了。另外，专家以及性别不明的孩子的家长指出，青春期阻滞剂能够缓解孩子的苦恼。有性别焦虑的女孩可能会因为胸部发育或月经的到来而感到极度烦恼。

内分泌学会的指导方针建议，从16岁起，青少年如果打算做彻底的变性手术，就可以安全地开始进行跨性别激素治疗（与青春期阻滞剂不同），跨性别女孩接受雌激素，跨性别男孩接受睾酮。不过医生会警告他们，身体天然接受的特定性别的激素也会影响大脑和骨骼的发育。不过，考虑到跨性别成人中的抑郁症患病率和自杀率，支持者认为跨性别激素治疗的益处大于其带来的风险。

与青春期阻滞剂不同，跨性别激素治疗会引起不可逆转的生理变化，比如，接受睾酮的女孩会出现喉结发育或面部毛发的生长。这对于试图做出正确选择的父母来说是一个极其复杂的问题。我的同事埃里克·维兰是一位遗传学家和儿科医生，他提及一项研究。该研究表明，多达80%的有性别焦虑的男孩在进入青春期时会适应自己的男性身份，不会在成年时转变成女性。[25]（没有可以做比较的女孩数据，因为女性没有受到详细的研究。这个理由听起来真是熟悉。）但他也认为，带着性别焦虑生活造成的情感痛苦可以很严重、让人难以承受。

说这个问题复杂，还是把程度说轻了。但最终人类还是有选择的，这一点很了不起。如果我们希望的话，我们可以选择特定的激素——我们天生不具有的激素——来永远地改变我们的性别和生育状态，重新定义属于我们自己的激素智慧。

○做有激素智慧的人

雌性动物和人类女性的发情行为都出于需要：吸引合适的异性并生育健康的后代。生命简单、严酷且短暂。但生命是有目的的——活下去，发展壮大。交配，繁殖，重复。在人类之外的数量庞大的物种中，这种古老的行为及其背后的欲望从未消失过。

数百万年后的女性仍会经历我们的女性祖先所经历的激素周期，但我们有了数量惊人的选择。在我们的一生中，我们可以选择一个配偶，或者多个，或者一个也不要。我们可以选择与异性相伴，也可以单身。我们可以生孩子，也可以不生。我们可以用避孕方式或激素疗法去改变我们的激素周期，或者通过药物和科学手段解决烦人的激素紊乱。我们是现代女性，可以选择自己的社会命运和生育命运。

不过，我们选择如何倾听和使用激素智慧是一门复杂的学问，比如选择谁作为亲密的伴侣，是否生孩子（或者当孩子到来时，是否选择母乳喂养），等等。无论欲望有多么强烈，会改变人生的长期关系和个人选择显然并不只是基于发情欲望的决定。

进化心理学和其他科学提到了一种"自然主义谬误"，它指的是，不要仅仅因为某件事是"自然的"或者出于本能，就认为它是"好的"。当某个相关问题（发情）是由一系列的欲望和行为构成的，而这些欲望和行为是为了迎接我们如今所要面对的不同挑战时，自然主义谬误尤其能做解释。

那么，我们应该如何对待激素智慧呢？我的看法是，如果我们了解自己的身体和大脑中发生着什么，了解一生中不同时期以及每个个体的情况都不同，那么在面对"早餐想吃巧克力蛋糕"的渴望时，我们可以决定，是忽略它还是接受它（因为有时候巧克力蛋糕实在是太美味了）。

我希望激素的明智选择会因为本书提到的科学知识而有充分的信息基础。记者几乎总是会问我，我对女性有什么建议。一开始，这个问题总会让我恼火（我是科学家，又不是给人答疑解惑的专栏作家！），但后来我意识到，我确实有想要给出的建议：了解科学。了解你自己。你会基于可靠信息来做出决定。这难道不是科学的一个主要目的吗？

为了说得更具体些，我再补充一些想法。某些由发情驱动的行为可能对我们的女性祖先（包括人类和非人类的祖先）有用，比如吸引阿尔法男性，与其交配，为其生下后代，或者为了保护后代的生命而与其他女性激烈地竞争。毕竟，进化是要竞争谁生的孩子多。21世纪的女性可能会经历那些同样的激素驱使，但如果她已经有了固定伴侣，却有冲动去寻找阿尔法男性，那她一定会获益吗？可能性不大。如果她一时冲动，与一位女同事针锋相对，妨碍了对方的工作效率呢？可能适得其反。装扮与漫步的形式可以是衣着暴露、调情和泡酒吧，但如果女性已经有了一位满意的配偶或伴侣，第二天有工作或者要上学，或者家里有孩子，那么我们可能认为这些都不是最好的策略行为。

另外，打扮得美美的、自我感觉良好、出去见新朋友并且知道要避开哪些事和哪些人是我们认可的策略行为，也是受激素左右的行为。保护婴儿或者寻找一位爱自己、能帮助自己、忠贞不贰的伴侣的冲动也是如此。或许我们只是想要时机刚好的一小段风流韵事而已。我们有选择的能力，并且可以根据自己的激素状况做选择。

女性每天都能进行有逻辑的思考并做出理性的决定（也会犯错，或者看问题片面，这有时候反而是好事）。这是因为我们并没有完全受到激素的控制，没有被困在"脑子一热"的波动里，没有因为失血而变得虚弱，也没有随着生育力的衰退而枯竭。不过，当我们感到那些古老的力量随着激素周期的律动而躁动时，我们可以使用独一无二的女性力量。

在我看来，每个女孩和女人都会因为理解激素周期的范围、机制、时间和原因而获益。我们应该熟悉激素对我们行为的潜在影响。我们也应该知道，应对激素行为是一种个人选择，它依赖每个人自己的偏好和目的。不了解我们的激素本质对我们毫无帮助。相反，拥有激素智慧才会对我们有益。

我们这些科学界的人花了太长时间才最终承认人类存在发情行为。现在我们试图研究和理解发情行为的影响，弥补曾经浪费的时间。如果我们对女性的身体和大脑有更多的认识，那么所有的女性都会受益。如果男性也能了解更多关于女性的知识，我们也会得到帮助。

"她受激素左右。"

下次你听到或者说起这句话时，请想想，"她"是祖母、母亲、姐妹、朋友、女儿。从无数世代前的祖先到现代女性，从尚未出生的女性到已经成年的女性，"她"是其中不可分割的一员，每个人都有着自己的激素周期。"她"可能就是你。

"她"就是我，而我为自己受激素左右而感到骄傲。

雌激素：关于情绪、陪伴与爱

致　谢

　　我很感谢我在学术和私人生活中的众多导师，他们帮我找到了写作本书的方法。首先要感谢的是丹·莫里亚蒂博士，他是我本科阶段的老师。那时我对人类行为很着迷，迫切地想要解释我所看到的行为，但我对当时的理论不感兴趣，那些理论基本上没有让生物学发挥作用。丹教了我心理学、行为遗传学、性行为学（主要是动物性行为，也穿插了一些关于人类性行为的隐约提示）以及少量激素方面的知识。他符合一位严肃教授给人的典型印象：蓄着胡须，讲桌上码着一摞摞的笔记，很少在讲课时露出笑容，并且他的课都固定在上午 8 点。但他冷淡的外表下却藏着一副热心肠。学生上他的课，要么昏昏欲睡，要么不敢提问。有一天，他在解释雌雄松鼠的择偶行为差异时介绍了亲代投资理论。我想：这也可以解释很多人类行为的问题啊。我每个周末都能见到这种差异！我举起手，问是否有人用这个理论来解释人类的性差异。

　　丹告诉我，有一个人在这样做：密歇根大学的戴维·巴斯博士。戴维·巴斯的名字烙进了我的大脑，但很多年之后，我们才最终有了交集！不管怎样，我找到了未来的一个新方向。这就是我想要研究的东西！

　　我在心爱的威廉与玛丽学院取得了硕士学位，在那里遇到了李·柯克帕特里克博士。他是一个嬉皮士知识分子，花白的头发扎成长长的马尾辫，开一辆大众牌巴士，研究的是人际依恋关系（包括人类所想象出来的对上帝的依恋）。他带我去看"感恩而死"乐队的演出，并且宿命般地带我去了巴斯博士在一所当地大学做演讲的现场。房间里挤满了几百位参与者。虽然我像个闯入问答环节的外人，但我还是举起手，问巴斯博士古老的心理学在现代社会的作用。我问道，心理学的影响是什么……他指着我，告诉我……这真是个"非常棒的问题"！其实我问的问题并没有那么好，但他的话鼓励了我继续深究我的想法，并最终成就了本书。

我继续跟着巴斯博士读博。他是一位慷慨的导师和朋友，我非常幸运，能找到这样一位智识上的伙伴。我们长时间地开会，开两个小时甚至更久，一直在聊自己的想法。那对我来说真是梦想成真了。

我跟随巴斯博士去了得克萨斯大学，在那里完成了博士学位。我有了一些可爱的研究生同事：同一个办公室的阿普丽尔·布莱斯克，还有莉萨·雷德福、谢尔盖·波格丹诺夫、托德·沙克尔福德，是的，还有巴里·弗里德曼。我很幸运，遇到了一些很棒的教授，包括兰迪·戴尔、德文德拉·辛格、阿尼·巴斯、迈克尔·瑞安和辛迪·梅斯顿。

读完博之后，我去了加州大学洛杉矶分校，遇到了安妮·佩普洛和克里斯蒂娜·邓克尔·舍特，她们是我所认识的人中最愿意给予别人支持和鼓励的学者。安妮是第一批研究女性性取向的学者之一（量化性取向，并调查女性的性经历）。她是一位大胆的先锋，也是我的楷模。克里斯蒂娜令我惊艳，她研究的都是真正的难题，比如探究怀孕时是什么导致了孕期最常见的、令人无力的问题——早产。她一次拿下了三笔美国国立卫生研究院的研究基金，我从来没有见过别人做到这一点。

其他一些前辈同事也慷慨地给予了我建议和启发：琼·西尔克、莱达·科斯米德斯、吉姆·西达纽斯、阿特·阿诺德、戴维·西尔斯、迈克尔·贝利、唐纳德·西蒙斯、兰迪·桑希尔和约翰·图比等。除了身边的同事，我还受到了其他达尔文主义女性主义者的启示（我希望这些人不要介意我贴的这个标签），其中有萨拉·赫迪和帕蒂·戈瓦蒂。我非常感激我亲爱的朋友贝思·舒曼，她给我早期的稿子做了修改，并对本书的创作投入了热情和鼓励。

我在加州大学洛杉矶分校有一群优秀的同事：阿比盖尔·萨吉、克拉克·巴雷特、格雷格·布赖恩特、埃里克·维兰、娜奥米·艾森伯格、丹·布卢姆斯坦和丹尼尔·费斯勒（他总是会在散步后以令人猝不及防的速度问出一个难以回答的问题）。我还要感谢在学识和生活中支持着我的很多人：德布拉·利伯曼和克里·约翰逊（我女儿说她们是我永远最好的朋友）、比尔·冯希佩尔、雅典娜·阿克提匹斯、杰弗里·舍曼、道格·肯里克、史蒂夫·纽伯格、丹尼尔·内特尔和多米尼克·约翰逊。他们作为同事、支持者和朋友都是非常可爱的人。杰弗里·米勒是一位优秀的科学写作者，他帮助我构思了本书的理念，并敦促我写完了它。谢谢他。

史蒂文·冈杰斯塔德的研究为书中第二章"发情期：动物研究与不受激素束缚的女性"做出了主要贡献，他一直像是我的第二位博士生导师。他是一位杰出的统计学家和方法学家，有想不完的点子。当我的工作遭遇政治异议时，他耐心地听我倾诉（并同我一起表达了愤慨）。我从他身上学到了很多。本书的很多想法都来自多年来我们之间的讨论。如果没有史蒂文的贡献，没有我们的合作和友情，我是写不出这本书的。

我的研究生们也非常重要。我在加州大学洛杉矶分校教书时的第一个学生伊丽莎白·皮尔斯沃思帮我积累了研究方法，我们至今仍会在实验中使用这些方法。如果没有她敏锐的洞察力，本书中的很多研究也不会做成。还有很多学生像她一样帮助了我：戴维·弗雷德里克、乔希·普尔、希蒙·萨菲尔-伯恩斯坦、安德鲁·加尔佩林、克里斯蒂娜·拉森、凯莉·吉尔德斯利夫、梅利莎·费尔斯、布里特·阿尔斯特伦、戴维·平索夫、杰茜卡·施罗普希尔和特兰·丁。非常幸运，实验室能有一群绝顶聪明的博士后：珍妮弗·哈恩-霍尔布鲁克、达米安·默里和阿伦·卢卡泽夫斯基。珍妮弗对我在第七章"少女、母亲与祖母：妊娠脑与母职"中所写的内容给予了很多启示。这些学生让我看到了更多新的想法，让我的工作变成了世界上最美妙的事。他们是我的家人。阿曼达·巴恩斯是我的研究助理，对我帮助极大。没有她，我是撑不到最后的。

非常感谢我了不起又极有耐心的代理凯廷卡·马特森，她帮我仔细推敲了我关于本书的想法，并将它引荐给独具慧眼（且异常耐心）的编辑特蕾西·贝哈尔。谢谢她们两位一直支持我。虽然我与我的"写作搭档"贝姬·卡巴萨从未谋面，但她也是我永远最好的朋友。谢谢她帮我将想法变成文字，让所有"受激素左右的女性"都能读到它们。她是一个有趣的聊天伙伴和切磋想法的对象，也给了我无限的专业支持和个人支持。

谢谢所有人。他们的付出帮助我成就了你如今拿在手中的这本书，我想，我们会一起努力深化我们共同的激素智慧。

注　释

序　关于雌激素的科学事实

1. Gloria Steinem, "If Men Could Menstruate," in *Outrageous Acts and Everyday Rebellions* (New York: NAL, 1986), posted by Sally Kohn, http://ww3.haverford. edu/psychology/ddavis/p109g/steinem.menstruate.html.

第一章　破除性别偏见：迎接你的激素智慧

1 Claudia Goldin, Lawrence F. Katz, and Ilyana Kuziemko, "The Home-coming of American College Women: The Reversal of the College Gender Gap," *Journal of Economic Perspectives* 20, no. 4 (2006): 133–156.

2. Kristina M. Durante, Ashley Rae, and Vladas Griskevicius, "The Fluctuating Female Vote: Politics, Religion, and the Ovulatory Cycle," *Psychological Science* 24, no. 6 (2013): 1007–1016.

3. Katie Baker, "CNN Thinks Crazy Ladies Can't Help Voting with Their Vaginas Instead of Their Brains," *Jezebel*, October 24, 2012, http://jezebel.com/5954617/ cnn-thinks-crazy-ladies-cant-help-voting-with-their-vaginas-instead-of-their-brains; Kate Clancy, "Hot for Obama, but Only When This Smug Married Is Not Ovulating," *Scientific American*, October 26, 2012, https://blogs.scientificamerican.com/ context-and-variation/hot-for-obama-ovulation-politics-women/; Alexandra Petri, "CNN's Hormonal Lady Voters," *Washington Post*, October 25, 2012, https://www.

washingtonpost.com/blogs/compost/post/cnns-hormonal-lady-voters/2012/10/24/9617

99c4-1e1f-11e2-9cd5-b55c38388962_blog.html?utm_term=.48f969c61461.

4. Marylin Bender, "Doctors Deny Woman's Hormones Affect Her as an Executive,"
    New York Times, July 31, 1970.

5. Nancy Ross, "Berman Says He Won't Quit," *Washington Post, Times Herald*, July
    31, 1970.

6. "History," Our Bodies Ourselves, http://www.ourbodiesourselves.org/ history/.

7. Jayne Riew, *The Invisible Month*, http://theinvisiblemonth.com/.

8. Jayne Riew, "The Artist," *The Invisible Month*, http://theinvisiblemonth.com/.

9. Martie G. Haselton and Steven W. Gangestad, "Conditional Expression of Women's
    Desires and Men's Mate Guarding across the Ovulatory Cycle," *Hormones and
    Behavior* 49 (2006) 509–518; Martie G. Haselton and Kelly Gildersleeve, "Human
    Ovulation Cues," *Current Opinion in Psychology* 7 (2016): 120–125.

10. "Policy & Compliance," National Institutes of Health, http://grants.nih.gov/grants/
    policy/policy.htm.

11. G. H. Wang, "The Relation between 'Spontaneous' Activity and the Oestrous Cycle
    in the White Rat," *Comparative Psychology Monographs* 6 (1923): 1–40.

12. Malin Ah-King, Andrew B. Barron, and Marie E. Herberstein, "Genital Evolution:
    Why Are Females Still Understudied?" *PLoS Biology* 12: e1001851, doi: 10.1371/
    journal.pbio.1001851.

13. Ibid.

14. Patricia L. R. Brennan, Richard O. Prum, Kevin G. McCracken, Michael D. Sorenson,
    Robert E. Wilson, and Tim R. Birkhead, "Coevolution of Male and Female Genital
    Morphology in Waterfowl," *PLoS One* 2: e418, doi: 10.1371/journal.pone.0000418.

第二章　发情期：动物研究与不受激素束缚的女性

1. Steven W. Gangestad and Randy Thornhill, "Menstrual Cycle Variation in Women's Preferences for the Scent of Symmetrical Men," *Proceedings of the Royal Society B: Biological Sciences* 265 (1998): 927–933.

2. "好基因" 的信号可能在我们的祖先身上产生了巨大的影响，只是如今好基因信号的影响已所剩无几。我们生活在一个拥有现代医学和充裕食物的时代，大部分人都过着基本安逸的生活。因此，在此处以及整本书中，当我提到好基因的 "信号" 或 "标志" 时，我指的是女性祖先用来选择优质配偶的信号。这些信号在现代未必会给女性的后代带来好处。

3. Randy J. Nelson, *An Introduction to Behavioral Endocrinology*, 3rd ed. (Sunderland, MA: Sinauer Associates, 2005).

4. Alan F. Dixson, *Primate Sexuality: Comparative Studies of Prosimians, Monkeys, Apes, and Human Beings*, 2nd ed. (Oxford: Oxford University Press, 2012).

5. Owen R. Floody and Donald W. Pfaff, "Aggressive Behavior in Female Hamsters: The Hormonal Basis for Fluctuations in Female Aggressiveness Correlated with Estrous State," *Journal of Comparative and Physiological Psychology* 91 (1977): 443–464.

6. Ibid.; Nelson, *Introduction to Behavioral Endocrinology*.

7. Carol Diakow, "Motion Picture Analysis of Rat Mating Behavior," *Journal of Comparative and Physiological Psychology* 88 (1975): 704–712; Donald W. Pfaff, Carol Diakow, Michael Montgomery, and Farish A. Jenkins, "X-Ray Cinematographic Analysis of Lordosis in Female Rats," *Journal of Comparative and Physiological Psychology* 92 (1978): 937–941.

8. Dixson, *Primate Sexuality*.

9. Ibid.; Nelson, *Introduction to Behavioral Endocrinology.*

10. Mark Griffith, *Aeschylus: Prometheus Bound* (Cambridge: Cambridge University Press, 1983).

11. Plato, *The Republic and Other Works*, trans. Benjamin Jowett (New York: Anchor Books, 1973).

12. Homer, *The Odyssey*, trans. Robert Fagles (New York: Penguin Books, 1996).

13. Jeremiah 2:24 (GNT).

14. Nelson, *Introduction to Behavioral Endocrinology.*

15. Dixson, *Primate Sexuality.*

16. P. G. McDonald and Bengt J. Meyerson, "The Effect of Oestradiol, Testosterone and Dihydrotestosterone on Sexual Motivation in the Ovariectomized Female Rat," *Physiology and Behavior* 11 (1973): 515–520; Bengt J. Meyerson, Leif Lindström, Erna-Britt Nordström, and Anders Ågmo, "Sexual Motivation in the Female Rat after Testosterone Treatment," *Physiology and Behavior* 11 (1973): 421–428.

17. Frank Beach, "Locks and Beagles," *American Psychologist* 24 (1969): 971–989.

18. Ibid.

19. Frank Beach, "Sexual Attractivity, Proceptivity, and Receptivity in Female Mammals," *Hormones and Behavior* 7 (1976): 105–138.

20. 参见第一章以更多地了解这种明显差异是如何持续到今天的，以及美国国立卫生研究院等研究团体正在如何解决这个问题。

21. Beach, "Locks and Beagles." 比奇在向美国心理学会（当时最大的心理学家专业协会）发表的主题演讲中描述了他的想法的改变。他以自己特有的幽默把他的演讲主题定为"闭锁和猎狗"。

22. Martha K. McClintock, "Sociobiology of Reproduction in the Norway Rat (*Rattus norvegicus*): Estrous Synchrony and the Role of the Female Rat in Copulatory

雌激素：关于情绪、陪伴与爱

Behavior" (PhD diss., ProQuest Information and Learning, 1975).

23. Martha K. McClintock and Norman T. Adler, "The Role of the Female during Copulation in Wild and Domestic Norway Rats (*Rattus norvegicus*)," *Behaviour* 67 (1978): 67–96.

24. Ibid.; Mary S. Erskine, "Solicitation Behavior in the Estrous Female Rat: A Review," *Hormones and Behavior* 23 (1989): 473–502.

25. Martha K. McClintock, "Group Mating in the Domestic Rat as a Context for Sexual Selection: Consequences for the Analysis of Sexual Behavior and Neuroendocrine Responses," *Advances in the Study of Behavior* 14 (1984): 1–50.

26. 可参见 *Vagina: A New Biography* (New York: Ecco, 2012)，其中第 3 章和第 14 章对大鼠的快乐和基于"好性爱"（从大鼠的角度）的选择做了有趣的讨论。

27. Simona Cafazzo, Roberto Bonanni, Paola Valsecchi, and Eugenia Natoli, "Social Variables Affecting Mate Preferences, Copulation and Reproductive Outcome in a Pack of Free-Ranging Dogs," *PLoS One* 6 (2014): e98594, doi: 10.1371/journal. pone.0098594.

28. Akiko Matsumoto-Oda, "Female Choice in the Opportunistic Mating of Wild Chimpanzees (*Pan troglodytes schweinfurthii*) at Mahale," *Behavioral Ecology and Sociobiology* 46 (1999): 258–266. But see Rebecca M. Stumpf and Cristophe Boesch, "Does Promiscuous Mating Preclude Female Choice? Female Sexual Strategies in Chimpanzees (*Pan troglodytes verus*) of the Taï National Park, Côte d'Ivoire," *Behavioral Ecology and Sociobiology* 57 (2005): 511–524. 后者表明，同一组中的雌黑猩猩在生育力高峰期与地位高和地位低的雄黑猩猩都发生了交配，但没有与地位中等的雄性交配。雌黑猩猩可能会从地位高的雄性那里得到基因方面的好处，另外设法获得非基因方面的好处（比如，在可育期与地位低的雄性交配，从它们那里换取食物或保护）。

29. Ekaterina Klinkova, J. Keith Hodges, Kerstin Fuhrmann, Tom de Jong, and Michael Heistermann, "Male Dominance Rank, Female Mate Choice and Male Mating and Reproductive Success in Captive Chimpanzees," *International Journal of Primatology* 26 (2005): 357–384.

30. Pascal R. Marty, Maria A. Van Noordwijk, Michael Heistermann, Erik P. Willems, Lynda P. Dunkel, Manuela Cadilek, Muhammad Agil, and Tony Weingrill, "Endocrinological Correlates of Male Bimaturism in Wild Bornean Orangutans," *American Journal of Primatology* 77, no. 11 (2015): 1170–1178.

31. Cheryl D. Knott, Melissa E. Thompson, Rebecca M. Stumpf, and Matthew H. McIntyre, "Female Reproductive Strategies in Orangutans, Evidence for Female Choice and Counterstrategies to Infanticide in a Species with Frequent Sexual Coercion," *Proceedings of the Royal Society B: Biological Sciences* 277 (2010): 105–113; Parry M. R. Clarke, S. Peter Henzi, and Louise Barrett, "Sexual Conflict in Chacma Baboons, *Papio hamadryas ursinus*: Absent Males Select for Proactive Females," *Animal Behaviour* 77 (2009): 1217–1225. 这里的证据有点儿难以解释，因为居主导地位的雄性也可能会强制性地驱逐下级雄性。也有一些证据表明，很多灵长目动物会广泛交配，目的是混淆后代的父亲身份。

32. Tony Weingrill, John E. Lycett, and S. Peter Henzi, "Consortship and Mating Success in Chacma Baboons (*Papio hamadruas ursinus*)," *Ethology* 106 (2000): 1033–1044.

33. Charles Darwin, *The Descent of Man, and Selection in Relation to Sex* (London: J. Murray, 1871).

34. George W. Corner, *The Hormones in Human Reproduction* (Princeton, NJ: Princeton University Press, 1942).

35. Nelson, *Introduction to Behavioral Endocrinology*.

36. Allen J. Wilcox, Clarice R. Weinberg, and Donna D. Baird, "Timing of Sexual

雌激素：关于情绪、陪伴与爱

Intercourse in Relation to Ovulation: Effects on the Probability of Conception, Survival of the Pregnancy, and Sex of the Baby," *New England Journal of Medicine* 333 (1995): 1517–1521.

37. J. Richard Udry and Naomi M. Morris, "Distribution of Coitus in the Menstrual Cycle," *Nature* 220 (1968): 593–596.

38. Allen J. Wilcox, Donna D. Baird, David B. Dunson, Robert McConnaughey, James S. Kesner, and Clarice R. Weinberg, "On the Frequency of Intercourse around Ovulation: Evidence for Biological Influences," *Human Reproduction* 19 (2004): 1539–1543.

39. David A. Adams, Alice R. Gold, and Anne D. Burt, "Rise in Female-Initiated Sexual Activity at Ovulation and Its Suppression by Oral Contraceptives," *New England Journal of Medicine* 299 (1978): 1145–1150; Susan B. Bullivant, Sarah A. Sellergren, Kathleen Stern, Natasha A. Spencer, Suma Jacob, Julie A. Mennella, and Martha K. McClintock, "Women's Sexual Experience during the Menstrual Cycle: Identification of the Sexual Phase by Noninvasive Measurement of Luteinizing Hormone," *Journal of Sex Research* 41 (2004): 82–93.

40. S. Marie Harvey, "Female Sexual Behavior: Fluctuations during the Menstrual Cycle," *Journal of Psychosomatic Research* 31 (1987): 101–110.

41. Bullivant et al., "Women's Sexual Experience."

42. Alexandra Brewis and Mary Meyer, "Demographic Evidence That Human Ovulation Is Undetectable (at Least in Pair Bonds)," *Current Anthropology* 46 (2005): 465–471.

43. Ibid.

44. Pamela C. Regan, "Rhythms of Desire: The Association between Menstrual Cycle Phases and Female Sexual Desire," *Canadian Journal of Human Sexuality* 5 (1996): 145–156.

45. Martie G. Haselton and Steven W. Gangestad, "Conditional Expression of Women's

Desires and Men's Mate Guarding across the Ovulatory Cycle," *Hormones and Behavior* 49 (2006): 509–518; Christina M. Larson, "Do Hormonal Contraceptives Alter Mate Choice and Relationship Functioning in Humans?" (PhD diss., University of California, Los Angeles, 2014); Steven W. Gangestad, Randy Thornhill, and Christine E. Garver, "Changes in Women's Sexual Interests and Their Partner's Mate-Retention Tactics across the Ovulatory Cycle: Evidence for Shifting Conflicts of Interest," *Proceedings of the Royal Society B: Biological Sciences* 269 (2002): 975–982.

46. James R. Roney and Zach L. Simmons, "Hormonal Predictors of Sexual Motivation in Natural Menstrual Cycles," *Hormones and Behavior* 63 (2013): 636–645.

47. J. Richard Udry and Naomi M. Morris, "Variations in Pedometer Activity during the Menstrual Cycle," *Obstetrics and Gynecology* 35 (1970): 199–201.

48. Richard L. Doty, M. Ford, George Preti, and G. R. Huggins, "Changes in the Intensity and Pleasantness of Human Vaginal Odors during the Menstrual Cycle," *Science* 190 (1975): 1316–1318.

49. 所有的评分都显示气味不太有吸引力，为了表达得更为准确，最好说高生育力时期的样本被评为"没有吸引力的程度更低"。这项研究是在 20 世纪 70 年代做的，当时是女性"卫生"产品的兴盛时期。我猜想，如今很多人对体味有了更多的认知。最近有一本"大数据"之书，书名为《人人都说谎》。书中说到人们在谷歌上搜索最多的一个女性问题是：女性的阴道是否有难闻的气味。显然搜索这个问题的大多是年轻的女性，因此，或许多一些性经验也会增加我们对激素的认识。Seth Stephens-Davidowitz, *Everybody Lies: Big Data, New Data, and What the Internet Can Tell Us about Who We Really Are* (New York: Harper Collins, 2017).

50. Steven Pinker, *The Blank Slate* (New York: Penguin Books, 2002). 在这本书中，平克并不赞同这些观点，但他详细阐述了它们，以及它们的起源和误区。

51. Robert Trivers, *Parental Investment and Sexual Selection*, vol. 136 (Cambridge, MA: Biological Laboratories, Harvard University, 1972).

52. Ibid.

53. Ibid.

54. Terri D. Conley, Amy C. Moors, Jes L. Matsick, Ali Ziegler, and Brandon A. Valentine, "Women, Men, and the Bedroom: Methodological and Conceptual Insights That Narrow, Reframe, and Eliminate Gender Differences in Sexuality," *Current Directions in Psychological Science* 20 (2011): 296–300; David P. Schmitt, Peter K. Jonason, Garrett J. Byerley, Sandy D. Flores, Brittany E. Illbeck, Kimberly N. O'Leary, and Ayesha Qudrat, "A Reexamination of Sex Differences in Sexuality: New Studies Reveal Old Truths," *Current Directions in Psychological Science* 21 (2012): 135–139.

55. Russell D. Clark and Elaine Hatfield, "Gender Differences in Receptivity to Sexual Offers," *Journal of Psychology and Human Sexuality* 2, no. 1 (1989): 39–55.

56. D. P. Schmitt, L. Alcalay, J. Allik, L. Ault, I. Austers, K. L. Bennett, G. Bianchi, et al., "Universal Sex Differences in the Desire for Sexual Variety: Tests from 52 Nations, 6 Continents, and 13 Islands," *Journal of Personality and Social Psychology* 85 (2003): 85–104; David Schmidt, "Fundamentals of Human Mating Strategies," in *The Handbook of Evolutionary Psychology*, ed. David Buss (Hoboken, NJ: John Wiley and Sons, 2016), 294–316, http://www.wiley.com/WileyCDA/WileyTitle/productCd-111875588X.html.

57. David M. Buss and David P. Schmitt, "Sexual Strategies Theory: An Evolutionary Perspective on Human Mating," *Psychological Review* 100 (1993): 204–232.

58. Schmitt et al., "Universal Sex Differences."

59. Buss and Schmitt, "Sexual Strategies Theory."

60. Trivers, *Parental Investment*; Randy Thornhill and Steven W. Gangestad, *The Evolutionary Biology of Human Female Sexuality* (New York: Oxford University Press, 2008); Anders P. Moller and Randy Thornhill, "Bilateral Symmetry and Sexual Selection: A Meta-Analysis," *American Naturalist* 151 (1998): 174–192.

61. Steven W. Gangestad and Jeffry A. Simpson, "The Evolution of Human Mating: Trade-Offs and Strategic Pluralism," *Behavioral and Brain Sciences* 23 (2000): 573–587.

62. Gangestad and Thornhill, "Menstrual Cycle Variation."

63. Ibid.

64. Ibid.

65. Ian S. Penton-Voak and David I. Perrett, "Female Preference for Male Faces Changes Cyclically: Further Evidence," *Evolution and Human Behavior* 21 (2000): 39–48.

66. Kelly Gildersleeve, Martie G. Haselton, and Melissa R. Fales, "Do Women's Mate Preferences Change across the Ovulatory Cycle? A Meta-Analytic Review," *Psychological Bulletin* 140, no. 5 (2014): 1205.

67. Anja Rikowski and Karl Grammer, "Human Body Odour, Symmetry, and Attractiveness," *Proceedings of the Royal Society B: Biological Sciences* 266 (1999): 869–874; Penton-Voak and Perrett, "Female Preference"; Victor S. Johnston, Rebecca Hagel, Melissa Franklin, Bernhard Fink, and Karl Grammer, "Male Facial Attractiveness: Evidence for Hormone-Mediated Adaptive Design," *Evolution and Human Behavior* 22 (2001): 251–267; Randy Thornhill, Steven W. Gangestad, Robert Miller, Glenn Scheyd, Julie K. McCollough, and Melissa Franklin, "Major Histocompatibility Complex Genes, Symmetry, and Body Scent Attractiveness in Men and Women," *Behavioral Ecology* 14 (2003): 668–678; Randy Thornhill and

雌激素：关于情绪、陪伴与爱

Steven W. Gangestad, "The Scent of Symmetry: A Human Sex Pheromone That Signals Fitness?" *Evolution and Human Behavior* 20 (1999): 175–201.

第三章　环游月球 28 天：排卵周期的奥秘

1. 这个关于名称的问题实际上竟然颇有争议（对我来说很令人意外，或许你也会这么觉得！）。艾伦·迪克森被认为是灵长目动物性行为领域的世界级专家，他写了一本书，书名正好叫《灵长目动物的性行为》。这是一部杰出的百科全书式的学术著作，包含近 3 000 条参考文献信息，我也经常在自己的书中使用他提到的资料（在本书中也多次使用）。我相信并非常尊敬他对非人类灵长目动物的学术研究。说到人类时，他似乎并不是非常接受过去 20 年积累的关于类似发情期状态的大量证据。他的书出版于 2012 年，正好在人类发情期研究迅猛发展之后（人类当然也是灵长目动物）。他对将"发情期"一词用于人类非常不满，坚称唯一合适的词语是"月经周期"。他想把"发情期"用于那些只在生育力窗口期有性行为的物种。然而，我同意我的同事史蒂文·冈杰斯塔德和兰迪·桑希尔的观点，他们认为，虽然人类的性行为的变化似乎比那些有"经典发情期"的物种更大，但仍有大量证据证明存在类似发情期的变化—女性的性欲和择偶相关行为的变化。使用人类专用的术语，会妨碍我们探索人类与其他灵长目动物之间的相似性。若想了解讨论有多激烈，你可以读一读迪克森对史蒂文·冈杰斯塔德和兰迪·桑希尔于 2008 年出版的书［Randy Thornhill and Steven W. Gangestad, *The Evolutionary Biology of Human Female Sexuality* (New York: Oxford University Press, 2008)］写的评论（https://www.amazon.com/dp/019534099X/ref=rdr_ext_tmb）。

2. James R. Roney and Zachary L. Simmons, "Elevated Psychological Stress Predicts Reduced Estradiol Concentrations in Young Women," *Adaptive Human Behavior*

and Physiology 1, no. 1 (2015): 30–40; Samuel K. Wasser and David P. Barash, "Reproductive Suppression among Female Mammals: Implications for Biomedicine and Sexual Selection Theory," *Quarterly Review of Biology* 58, no. 4 (1983): 513–538; Samuel K. Wasser, "Psychosocial Stress and Infertility," *Human Nature* 5, no. 3 (1994): 293–306.

3. Gordon D. Niswender, Jennifer L. Juengel, Patrick J. Silva, M. Keith Rollyson, and Eric W. McIntush, "Mechanisms Controlling the Function and Life Span of the Corpus Luteum," *Physiological Reviews* 80, no. 1 (2000): 1–29.

4. Martha K. McClintock, "Menstrual Synchrony and Suppression," *Nature* (1971).

5. Beverly I. Strassmann, "Menstrual Synchrony Pheromones: Cause for Doubt," *Human Reproduction* 14, no. 3 (1999): 579–580.

6. Julia Ostner, Charles L. Nunn, and Oliver Schülkea, "Female Reproductive Synchrony Predicts Skewed Paternity across Primates," *Behavioral Ecology* 19, no. 6 (2008): 1150–1158.

7. Raymond Greene and Katharina Dalton, "The Premenstrual Syndrome," *British Medical Journal* 1, no. 4818 (1953): 1007.

8. M. J. Law Smith, David I. Perrett, Benedict C. Jones, R. Elisabeth Cornwell, Fhionna R. Moore, David R. Feinberg, Lynda G. Boothroyd, et al., "Facial Appearance Is a Cue to Oestrogen Levels in Women," *Proceedings of the Royal Society B: Biological Sciences* 273, no. 1583 (2006): 135–140.

9. Kristina M. Durante and Norman P. Li, "Oestradiol Level and Opportunistic Mating in Women," *Biology Letters* 5, no. 2 (2009): 179–182.

10. Grazyna Jasieńska, Anna Ziomkiewicz, Peter T. Ellison, Susan F. Lipson, and Inger Thune, "Large Breasts and Narrow Waists Indicate High Reproductive Potential in Women," *Proceedings of the Royal Society B: Biological Sciences* 271, no. 1545

(2004): 1213.

11. James R. Roney and Zachary L. Simmons, "Women's Estradiol Predicts Preference for Facial Cues of Men's Testosterone," *Hormones and Behavior* 53, no. 1 (2008): 14–19.

12. Durante and Li, "Oestradiol Level."

13. Steven J. Stanton and Oliver C. Schultheiss, "Basal and Dynamic Relationships between Implicit Power Motivation and Estradiol in Women," *Hormones and Behavior* 52, no. 5 (2007): 571–580; Steven J. Stanton and Robin S. Edelstein, "The Physiology of Women's Power Motive: Implicit Power Motivation Is Positively Associated with Estradiol Levels in Women," *Journal of Research in Personality* 43, no. 6 (2009): 1109–1113.

14. Lebron-Milad Kelimer, Bronwyn M. Graham, and Mohammed R. Milad, "Low Estradiol Levels: A Vulnerability Factor for the Development of Posttraumatic Stress Disorder," *Biological Psychiatry* 72, no. 1 (2012): 6–7.

15. J. Richard Udry and Naomi M. Morris, "Variations in Pedometer Activity during the Menstrual Cycle," *Obstetrics and Gynecology* 35 (1970): 199–201.

16. James R. Roney and Zach L. Simmons, "Hormonal Predictors of Sexual Motivation in Natural Menstrual Cycles," *Hormones and Behavior* 63 (2013): 636–645.

17. Dionne P. Robinson and Sabra L. Klein, "Pregnancy and Pregnancy-Associated Hormones Alter Immune Responses and Disease Pathogenesis," *Hormones and Behavior* 62, no. 3 (2012): 263–271.

18. Diana S. Fleischman and Daniel M. T. Fessler, "Progesterone's Effects on the Psychology of Disease Avoidance: Support for the Compensatory Behavioral Prophylaxis Hypothesis," *Hormones and Behavior* 59, no. 2 (2011): 271–275.

19. Monika Østensen, Peter M. Villiger, and Frauke Förger, "Interaction of Pregnancy

and Autoimmune Rheumatic Disease," *Autoimmunity Reviews* 11, no. 6 (2012): A437–A446.

20. Fleischman and Fessler, "Progesterone's Effects."

21. Smith et al., "Facial Appearance."

22. Fleischman and Fessler, "Progesterone's Effects."

23. Jon K. Maner and Saul L. Miller, "Hormones and Social Monitoring: Menstrual Cycle Shifts in Progesterone Underlie Women's Sensitivity to Social Information," *Evolution and Human Behavior* 35, no. 1 (2014): 9–16.

24. E. M. Seidel, G. Silani, H. Metzler, H. Thaler, C. Lammb, R. C. Gur, I. Kryspin-Exner, U. Habel, and B. Derntl, "The Impact of Social Exclusion vs. Inclusion on Subjective and Hormonal Reactions in Females and Males," *Psychoneuroendocrinology* 38 (2013): 2925–2932.

25. Oliver C. Schultheiss, Anja Dargel, and Wolfgang Rohde, "Implicit Motives and Gonadal Steroid Hormones: Effects of Menstrual Cycle Phase, Oral Contraceptive Use, and Relationship Status," *Hormones and Behavior* 43, no. 2 (2003): 293–301.

26. Erika Timby, Matts Balgård, Sigrid Nyberg, Olav Spigset, Agneta Andersson, Joanna Porankiewicz-Asplund, Robert H. Purdy, Di Zhu, Torbjörn Bäckström, and Inger Sundström Poromaa, "Pharmacokinetic and Behavioral Effects of Allopregnanolone in Healthy Women," *Psychopharmacology* 186, no. 3 (2006): 414.

27. April Smith, Saul Miller, Lindsay Bodell, Jessica Ribeiro, Thomas Joiner Jr., and Jon Maner, "Cycles of Risk: Associations between Menstrual Cycle and Suicidal Ideation among Women," *Personality and Individual Differences* 74 (2015): 35–40.

28. Sigrid Nyberg, Torbjörn Bäckström, Elisabeth Zingmark, Robert H. Purdy, and Inger Sundström Poromaa, "Allopregnanolone Decrease with Symptom Improvement during Placebo and Gonadotropin-Releasing Hormone Agonist Treatment in Women

雌激素：关于情绪、陪伴与爱

with Severe Premenstrual Syndrome," *Gynecological Endocrinology* 23, no. 5 (2007): 257–266.

29. Anahad O'Connor, "Katharina Dalton, Expert on PMS, Dies at 87," *New York Times*, October 28, 2010, http://www.nytimes.com/2004/09/28/science/katharina-dalton-expert-on-pms-dies-at-87.html.

30. 进化心理学领域的杰出奠基者之一，莱达·科斯米德斯，曾经在吃饭时同我分享了这个想法。从那以后，很多文献都探讨过这个问题，但据我所知，她是第一个提出这个问题的人。

31. Bill de Blasio and Julie Menin, "From Cradle to Cane: The Cost of Being a Female Consumer," New York City Department of Consumer Affairs, December 2015, https://www1.nyc.gov/assets/dca/downloads/pdf/partners/Study-of-Gender-Pricing-in-NYC.pdf.

32. Free the Tampons, http://www.freethetampons.org/.

33. Mike Martin, "The Mysterious Case of the Vanishing Genius," *Psychology Today*, May 1, 2012, https://www.psychologytoday.com/articles/201204/the-mysterious-case-the-vanishing-genius.

34. Deena Emera, Roberto Romero, and Günter Wagner, "The Evolution of Menstruation: A New Model for Genetic Assimilation," *Bioessays* 34, no. 1 (2012): 26–35.

35. Beverly I. Strassmann, "The Evolution of Endometrial Cycles and Menstruation," *Quarterly Review of Biology* 71, no. 2 (1996): 181–220.

第四章　欲望的进化：激素水平与吸引力起源

1. David M. Buss, *The Evolution of Desire*, rev. ed. (New York: Basic Books, 2008).

2. Randy Thornhill and Steven W. Gangestad, *The Evolutionary Biology of Human Female Sexuality* (New York: Oxford University Press, 2008), 286–320.

3. Steven W. Gangestad and Martie G. Haselton, "Human Estrus: Implications for Relationship Science," *Current Opinion in Psychology* 1 (2015): 45–51.

4. E. G. Pillsworth and M. G. Haselton, "Women's Sexual Strategies: The Evolution of Long-Term Bonds and Extra-Pair Sex," *Annual Review of Sex Research* 17 (2006): 59–100.

5. Karin Isler and Carel P. Van Schaik, "How Our Ancestors Broke through the Gray Ceiling: Comparative Evidence for Cooperative Breeding in Early Homo," *Current Anthropology* 53, no. S6 (2012): S453–S465.

6. Richard Wrangham, *Catching Fire: How Cooking Made Us Human* (New York: Basic Books, 2009).

7. "The Teen Brain Still Under Construction," National Institute of Mental Health, https://www.nimh.nih.gov/health/publications/the-teen-brain-6-things-to-know/index.shtml.

8. D. D. Clark and L. Sokoloff, "Circulation and Energy Metabolism of the Brain," in *Basic Neurochemistry: Molecular, Cellular and Medical Aspects*, ed. G. J. Siegel, B. W. Agranoff, R. W. Albers, S. K. Fisher, and M. D. Uhler (Philadelphia: Lippincott, 1999), 637–670.

9. 若想了解从文化意识的角度对"好男孩"和"坏男孩"以及女性性快感的犀利分析，参见 Naomi Wolf, *Vagina: A New Biography* (New York: Ecco, 2012) 的第14章。

10. Nicholas M. Grebe, Steven W. Gangestad, Christine E. Garver-Apgar, and Randy Thornhill, "Women's Luteal-Phase Sexual Proceptivity and the Functions of Extended Sexuality," *Psychological Science* 24, no. 10 (2013): 2106–2110.

雌激素：关于情绪、陪伴与爱

11. Martie G. Haselton and David M. Buss, "Error Management Theory: A New Perspective on Biases in Cross-Sex Mind Reading," *Journal of Personality and Social Psychology* 78, no. 1 (2000): 81–91.

12. Katharina C. Engel, Johannes Stökl, Rebecca Schweizer, Heiko Vogel, Manfred Ayasse, Joachim Ruther, and Sandra Steiger, "A Hormone-Related Female Anti-Aphrodisiac Signals Temporary Infertility and Causes Sexual Abstinence to Synchronize Parental Care," *Nature Communications* 7 (2016).

13. David Buss, "Sex Differences in Human Mate Preferences: Evolutionary Hypotheses Tested in 37 Cultures," *Behavioral and Brain Sciences* 12 (1989): 1–49.

14. Douglas T. Kenrick, Edward K. Sadalla, Gary Groth, and Melanie R. Trost, "Evolution, Traits, and the Stages of Human Courtship: Qualifying the Parental Investment Model," *Journal of Personality* 58, no. 1 (1990): 97–116.

15. Martin Daly and Margo Wilson, *Homicide* (New Brunswick, NJ: Transaction Publishers, 1988).

16. Heidi Greiling and David M. Buss, "Women's Sexual Strategies: The Hidden Dimension of Extra-Pair Mating," *Personality and Individual Differences* 28, no. 5 (2000): 929–963.

17. Ibid.

18. Kermyt G. Anderson, "How Well Does Paternity Confidence Match Actual Paternity? Evidence from Worldwide Nonpaternity Rates," *Current Anthropology* 47, no. 3 (June 2006): 513–520.

19. Brooke A. Scelza, "Female Choice and Extra-Pair Paternity in a Traditional Human Population," *Biology Letters* (2011): rsbl20110478.

20. Simon C. Griffith, Ian P. F. Owens, and Katherine A. Thuman, "Extra Pair Paternity in Birds: A Review of Interspecific Variation and Adaptive Function," *Molecular*

Ecology 11, no. 11 (2002): 2195–2212.

21. Paul W. Andrews, Steven W. Gangestad, Geoffrey F. Miller, Martie G. Haselton, Randy R. Thornhill, and Michael C. Neale, "Sex Differences in Detecting Sexual Infidelity: Results of a Maximum Likelihood Method for Analyzing the Sensitivity of Sex Differences to Underreporting," *Human Nature* 19 (2008): 347–373.

第五章　物色对象：深思熟虑的女性

1. Amanda Chan, "How Soay Sheep Survive on Dreary Scottish Isles," *Live Science*, October 28, 2010, https://www.livescience.com/8862-soay-sheep-survive-dreary-scottish-isles.html.

2. Alexandra Brewis and Mary Meyer, "Demographic Evidence That Human Ovulation Is Undetectable (at Least in Pair Bonds)," *Current Anthropology* 46 (2005): 465–471.

3. Daniel M. T. Fessler, "No Time to Eat: An Adaptationist Account of Periovulatory Behavioral Changes," *Quarterly Review of Biology* 78, no. 1 (2003): 3–21.

4. James R. Roney and Zachary L. Simmons, "Ovarian Hormone Fluctuations Predict Within-Cycle Shifts in Women's Food Intake," *Hormones and Behavior* 90 (2017): 8–14.

5. Ibid.

6. Beverly I. Strassmann, "The Evolution of Endometrial Cycles and Menstruation," *Quarterly Review of Biology* 71, no. 2 (1996): 181–220.

7. Andrea Elizabeth Jane Miller, J. D. MacDougall, M. A. Tarnopolsky, and D. G. Sale, "Gender Differences in Strength and Muscle Fiber Characteristics," *European Journal of Applied Physiology and Occupational Physiology* 66, no. 3 (1993): 254–262.

8. Coren Apicella, Elif Ece Demiral, and Johanna Mollerstrom, "No Gender Difference in Willingness to Compete When Competing against Self " (DIW Berlin Discussion Paper 1638, 2017), https://ssrn.com/abstract=2914220.

9. Maryanne L. Fisher, "Female Intrasexual Competition Decreases Female Facial Attractiveness," *Proceedings of the Royal Society B: Biological Sciences* 271, suppl. 5 (2004): S283–S285.

10. Martie G. Haselton, Mina Mortezaie, Elizabeth G. Pillsworth, April Bleske-Rechek, and David A. Frederick, "Ovulatory Shifts in Human Female Ornamentation: Near Ovulation, Women Dress to Impress," *Hormones and Behavior* 51, no. 1 (2007): 40–45.

11. Kristina M. Durante, Norman P. Li, and Martie G. Haselton, "Changes in Women's Choice of Dress across the Ovulatory Cycle: Naturalistic and Laboratory Task-Based Evidence," *Personality and Social Psychology Bulletin* 34, no. 11 (2008): 1451–1460, doi: 10.1177/0146167208323103.

12. Stephanie M. Cantú, Jeffry A. Simpson, Vladas Griskevicius, Yanna J. Weisberg, Kristina M. Durante, and Daniel J. Beal, "Fertile and Selectively Flirty: Women's Behavior toward Men Changes across the Ovulatory Cycle," *Psychological Science* 25, no. 2 (2014): 431–438.

13. Valentina Piccoli, Francesco Foroni, and Andrea Carnaghi, "Comparing Group Dehumanization and Intra-Sexual Competition among Normally Ovulating Women and Hormonal Contraceptive Users," *Personality and Social Psychology Bulletin* 39, no. 12 (2013): 1600–1609.

14. Adar B. Eisenbruch and James R. Roney, "Conception Risk and the Ultimatum Game: When Fertility Is High, Women Demand More," *Personality and Individual Differences* 98 (2016): 272–274.

注 释

15. Margery Lucas and Elissa Koff, "How Conception Risk Affects Competition and Cooperation with Attractive Women and Men," *Evolution and Human Behavior* 34, no. 1 (2013): 16–22.

16. Dow Chang, "Comparison of Crash Fatalities by Sex and Age Group," National Highway Traffic Safety Administration, July 2008, https://crashstats.nhtsa.dot.gov/Api/Public/ViewPublication/810853.

17. Diana Fleischman, Carolyn Perilloux, and David Buss, "Women's Avoidance of Sexual Assault across the Menstrual Cycle" (unpublished manuscript, 2017, University of Portsmouth, UK).

18. Sandra M. Petralia and Gordon G. Gallup, "Effects of a Sexual Assault Scenario on Handgrip Strength across the Menstrual Cycle," *Evolution and Human Behavior* 23, no. 1 (2002): 3–10.

19. Daniel M. T. Fessler, Colin Holbrook, and Diana Santos Fleischman, "Assets at Risk: Menstrual Cycle Variation in the Envisioned Formidability of a Potential Sexual Assailant Reveals a Component of Threat Assessment," *Adaptive Human Behavior and Physiology* 1, no. 3 (2015): 270–290.

20. Debra Lieberman, Elizabeth G. Pillsworth, and Martie G. Haselton, "Kin Affiliation across the Ovulatory Cycle: Females Avoid Fathers When Fertile," *Psychological Science* 22, no. 1 (2011): 13–18.

21. Debra Lieberman, John Tooby, and Leda Cosmides, "Does Morality Have a Biological Basis? An Empirical Test of the Factors Governing Moral Sentiments Relating to Incest," *Proceedings of the Royal Society B: Biological Sciences* 270, no. 1517 (2003): 819–826.

22. J. Boudesseul, K. A. Gildersleeve, M. G. Haselton, and L. Bègue, "Do Women Expose Themselves to More Health-Related Risks in Certain Phases of the

　　　　　　　　　　雌激素：关于情绪、陪伴与爱

Menstrual Cycle? A Meta-Analytic Review" (in preparation, 2017).

第六章 卵子经济学：排卵的隐秘智慧

1. Alec T. Beall and Jessica L. Tracy, "Women Are More Likely to Wear Red or Pink at Peak Fertility," *Psychological Science* 24, no. 9 (2013): 1837–1841; Pavol Prokop and Martin Hromada, "Women Use Red in Order to Attract Mates," *Ethology* 119, no. 7 (2013): 605–613.

2. Richard L. Doty, M. Ford, George Preti, and G. R. Huggins, "Changes in the Intensity and Pleasantness of Human Vaginal Odors during the Menstrual Cycle," *Science* 190 (1975): 1316–1318.

3. Kelly A. Gildersleeve, Martie G. Haselton, Christina M. Larson, and Elizabeth G. Pillsworth, "Body Odor Attractiveness as a Cue of Impending Ovulation in Women: Evidence from a Study Using Hormone-Confirmed Ovulation," *Hormones and Behavior* 61, no. 2 (2012): 157–166.

4. Steven W. Gangestad, Randy Thornhill, and Christine E. Garver, "Changes in Women's Sexual Interests and Their Partner's Mate-Retention Tactics across the Menstrual Cycle: Evidence for Shifting Conflicts of Interest," *Proceedings of the Royal Society B: Biological Sciences* 269, no. 1494 (2002): 975–982; Martie G. Haselton and Steven W. Gangestad, "Conditional Expression of Women's Desires and Men's Mate Guarding across the Ovulatory Cycle," *Hormones and Behavior* 49, no. 4 (2006): 509–518.

5. Melissa R. Fales, Kelly A. Gildersleeve, and Martie G. Haselton, "Exposure to Perceived Male Rivals Raises Men's Testosterone on Fertile Relative to Nonfertile Days of Their Partner's Ovulatory Cycle," *Hormones and Behavior* 65, no. 5

(2014): 454–460.

6.　Martie G. Haselton and Kelly Gildersleeve, "Can Men Detect Ovulation?" *Current Directions in Psychological Science* 20, no. 2 (2011): 87–92.

7.　Christopher W. Kuzawa, Alexander V. Georgiev, Thomas W. McDade, Sonny Agustin Bechayda, and Lee T. Gettler, "Is There a Testosterone Awakening Response in Humans?" *Adaptive Human Behavior and Physiology* 2, no. 2 (2016): 166–183.

8.　Ana Lilia Cerda-Molina, Leonor Hernández-López, E. Claudio, Roberto Chavira-Ramírez, and Ricardo Mondragón-Ceballos, "Changes in Men's Salivary Testosterone and Cortisol Levels, and in Sexual Desire after Smelling Female Axillary and Vulvar Scents," *Frontiers in Endocrinology* 4 (2013): 159, doi: 10.3389/fendo.2013.00159.

9.　Ibid.

10.　Kelly A. Gildersleeve, Melissa R. Fales, and Martie G. Haselton, "Women's Evaluations of Other Women's Natural Body Odor Depend on Target's Fertility Status," *Evolution and Human Behavior* 38, no. 2 (2017): 155–163.

11.　你可以点击这个网址听听大象发情的声音。(注意: 如果你用头戴式耳机听, 低频可能会让你耳朵疼。)"Estrous-Rumble," Elephant Voices, https://www. elephantvoices.org/multimedia-resources/elephant-calls-database-contexts/230-sexual/female-choice/estrous-rumble.html?layout=callscontext.

12.　Gregory A. Bryant and Martie G. Haselton, "Vocal Cues of Ovulation in Human Females," *Biology Letters* 5, no. 1 (2009): 12–15.

13.　Nathan R. Pipitone and Gordon G. Gallup, "Women's Voice Attractiveness Varies across the Menstrual Cycle," *Evolution and Human Behavior* 29, no. 4 (2008): 268–274; David A. Puts, Drew H. Bailey, Rodrigo A. Cárdenas, Robert P. Burriss, Lisa L. M. Welling, John R. Wheatley, and Khytam Dawood, "Women's Attractiveness Changes with Estradiol and Progesterone across the Ovulatory Cycle," *Hormones and Behavior* 63,

　　　　　　　　　　　雌激素: 关于情绪、陪伴与爱

14. C. D. Buesching, M. Heistermann, J. K. Hodges, and Elke Zimmermann, "Multimodal Oestrus Advertisement in a Small Nocturnal Prosimian, *Microcebus murinus*," *Folia Primatologica* 69, suppl. 1 (1998): 295–308.

15. Alan F. Dixson, *Primate Sexuality: Comparative Studies of the Prosimians, Monkeys, Apes, and Humans*, 2nd ed. (New York: Oxford University Press, 2012), 142.

16. Remco Kort, Martien Caspers, Astrid van de Graaf, Wim van Egmond, Bart Keijser, and Guus Roeselers, "Shaping the Oral Microbiota through Intimate Kissing," *Microbiome* 2, no. 1 (2014): 41.

17. Claus Wedekind, Thomas Seebeck, Florence Bettens, and Alexander J. Paepke, "MHC-Dependent Mate Preferences in Humans," *Proceedings of the Royal Society B: Biological Sciences* 260, no. 1359 (1995).

18. Kort et al., "Shaping the Oral Microbiota."

19. Beverly I. Strassmann, "Sexual Selection, Paternal Care, and Concealed Ovulation in Humans," *Ethology and Sociobiology* 2 (1981): 31–40.

20. Joseph Henrich, Robert Boyd, and Peter J. Richerson, "The Puzzle of Monogamous Marriage," *Philosophic Transactions of the Royal Society B* 367, no.1589 (2012): 657–669.

第七章 少女、母亲与祖母：妊娠脑与母职

1. T. J. Mathews and Brady E. Hamilton, "Mean Age of Mothers Is on the Rise: United States, 2000–2014," *NCHS Data Brief* 232 (2016): 1–8.

2. "About Teen Pregnancy," Centers for Disease Control and Prevention, https://www.cdc.gov/teenpregnancy/about/.

3. Bernard D. Roitberg, Marc Mangel, Robert G. Lalonde, Carol A. Roitberg, Jacques J. M. van Alphen, and Louise Vet, "Seasonal Dynamic Shifts in Patch Exploitation by Parasitic Wasps," *Behavioral Ecology* 3, no. 2 (1992): 156–165, https://doi.org/10.1093/beheco/3.2.156.

4. Bruce J. Ellis, "Timing of Pubertal Maturation in Girls: An Integrated Life History Approach," *Psychological Bulletin* 130, no. 6 (2004): 920.

5. Shannen L. Robson and Bernard Wood, "Hominin Life History: Reconstruction and Evolution," *Journal of Anatomy* 212, no. 4 (2008): 394–425.

6. Lee Alan Dugatkin and Jean-Guy J. Godin, "Reversal of Female Mate Choice by Copying in the Guppy (*Poecilia reticulata*)," *Proceedings of the Royal Society B: Biological Sciences* 249, no. 1325 (1992): 179–184.

7. Jean M. Twenge, *The Impatient Woman's Guide to Getting Pregnant* (New York: Simon and Schuster, 2012).

8. Daniel M. T. Fessler, Serena J. Eng, and C. David Navarrete, "Elevated Disgust Sensitivity in the First Trimester of Pregnancy: Evidence Supporting the Compensatory Prophylaxis Hypothesis," *Evolution and Human Behavior* 26, no.4 (2005): 344–351.

9. Noel M. Lee and Sumona Saha, "Nausea and Vomiting of Pregnancy," *Gastroenterology Clinics of North America* 40, no. 2 (2011): 309–334.

10. Laura M. Glynn, "Increasing Parity Is Associated with Cumulative Effects on Memory," *Journal of Women's Health* 21, no. 10 (2012): 1038–1045.

11. Elseline Hoekzema, Erika Barba-Müller, Cristina Pozzobon, Marisol Picado, Florencio Lucco, David García-García, Juan Carlos Soliva, et al., "Pregnancy Leads to Long-Lasting Changes in Human Brain Structure," *Nature Neuroscience* 20, no. 2 (2017): 287–296.

雌激素：关于情绪、陪伴与爱

12. Chandler R. Marrs, Douglas P. Ferarro, Chad L. Cross, and Janice McMurray, "Understanding Maternal Cognitive Changes: Associations between Hormones and Memory," *Hormones Matter*, March 2013, 1–13.

13. Marla V. Anderson and M. D. Rutherford, "Evidence of a Nesting Psychology During Human Pregnancy," *Evolution and Human Behavior* 34, no. 6 (2013): 390–397.

14. Marla V. Anderson and M. D. Rutherford, "Recognition of Novel Faces after Single Exposure Is Enhanced during Pregnancy," *Evolutionary Psychology* 9, no. 1 (2011), https://doi.org/10.1177/147470491100900107.

15. Jennifer Hahn-Holbrook, Julianne Holt-Lunstad, Colin Holbrook, Sarah M. Coyne, and E. Thomas Lawson, "Maternal Defense: Breast Feeding Increases Aggression by Reducing Stress," *Psychological Science* 22, no. 10 (2011): 1288–1295.

16. Jennifer Hahn-Holbrook, Colin Holbrook, and Martie Haselton, "Parental Precaution: Adaptive Ends and Neurobiological Means," *Neuroscience and Biobehavioral Reviews* 35 (2011): 1052–1066.

17. John G. Neuhoff, Grace R. Hamilton, Amanda L. Gittleson, and Adolfo Mejia, "Babies in Traffic: Infant Vocalizations and Listener Sex Modulate Auditory Motion Perception," *Journal of Experimental Psychology: Human Perception and Performance* 40, no. 2 (2014): 775.

18. Daniel M. T. Fessler, Colin Holbrook, Jeremy S. Pollack, and Jennifer Hahn-Holbrook, "Stranger Danger: Parenthood Increases the Envisioned Bodily Formidability of Menacing Men," *Evolution and Human Behavior* 35, no. 2 (2014): 109–117.

19. Judith A. Easton, Jaime C. Confer, Cari D. Goetz, and David M. Buss, "Reproduction Expediting: Sexual Motivations, Fantasies, and the Ticking Biological Clock,"

Personality and Individual Differences 49, no. 5 (2010): 516–520.

20. Sindya N. Bhanoo, "Life Span of Early Man Same as Neanderthal," *New York Times*, January 10, 2011, http://www.nytimes.com/2011/01/11/science/11obneanderthal.html.

21. Robson and Wood, "Hominin Life History."

22. Darren P. Croft, Rufus A. Johnstone, Samuel Ellis, Stuart Nattrass, Daniel W. Franks, Lauren J. N. Brent, Sonia Mazzi, Kenneth C. Balcomb, John K. B. Ford, and Michael A. Cant, "Reproductive Conflict and the Evolution of Menopause in Killer Whales," *Current Biology* 27, no. 2 (2017): 298–304.

23. Robin W. Baird and Hal Whitehead, "Social Organization of Mammal-Eating Killer Whales: Group Stability and Dispersal Patterns," *Canadian Journal of Zoology* 78, no. 12 (2000): 2096–2105; Darren P. Croft, Rufus A. Johnstone, Samuel Ellis, Stuart Nattrass, Daniel W. Franks, Lauren J. N. Brent, Sonia Mazzi, Kenneth C. Balcomb, John K. B. Ford, Michael A. Cant, "Reproductive Conflict and the Evolution of Menopause in Killer Whales," *Current Biology* 27, no. 2 (2017): 298–304.

24. Emma A. Foster, Daniel W. Franks, Sonia Mazzi, Safi K. Darden, Ken C. Balcomb, John K. B. Ford, and Darren P. Croft, "Adaptive Prolonged Postreproductive Life Span in Killer Whales," *Science* 337, no. 6100 (2012): 1313.

25. Robson and Wood, "Hominin Life History."

26. Kristen Hawkes and James E. Coxworth, "Grandmothers and the Evolution of Human Longevity: A Review of Findings and Future Directions," *Evolutionary Anthropology: Issues, News, and Reviews* 22, no. 6 (2013): 294–302.

27. R. Sprengelmeyer, David I. Perrett, E. C. Fagan, R. E. Cornwell, J. S. Lobmaier, A. Sprengelmeyer, H. B. M. Aasheim, et al., "The Cutest Little Baby Face: A Hormonal Link to Sensitivity to Cuteness in Infant Faces," *Psychological Science* 20, no. 2 (2009): 149–154.

雌激素：关于情绪、陪伴与爱

第八章　再谈激素智慧与激素调节

1. 顺便提一下，你可能会想，女性吃避孕药为什么还会来月经，而月经这时已没有了生物学目的。实际上，有些女性会服用避孕药，阻止月经的到来——吃了药后，就没有了自然的月经期。约翰·洛克（John Rock），首款避孕药的联合发明者，是一名虔诚的天主教徒，为了不与天主教会发生矛盾——天主教会禁止使用"人工"手段避孕并推广安全期避孕法（只在"安全期"进行性行为）——他保留了"自然的"月经期。1958 年，教会允许医生开避孕药来治疗女性痛苦而艰难的月经期，因为避孕药当时可以——现在仍然可以——减轻月经期的严重症状。教会在 1968 年完全禁止了避孕药。并不意外，整整 10 年里，很多女性天主教徒对医生说自己来月经时非常痛苦和难受。Malcolm Gladwell, "John Rock's Error," *The New Yorker*, March 13, 2000, 52.

2. Alexandra Alvergne and Virpi Lummaa, "Does the Contraceptive Pill Alter Mate Choice in Humans?" *Trends in Ecology and Evolution* 25, no. 3 (2010): 171–179.

3. Ibid.

4. Chris Ryan, "How the Pill Could Ruin Your Life," *Psychology Today*, May 11, 2010, https://www.psychologytoday.com/blog/sex-dawn/201005/howthe-pill-could-ruin-your-life.

5. Christina Marie Larson, "Do Hormonal Contraceptives Alter Mate Choice and Relationship Functioning in Humans?" (PhD diss., University of California, Los Angeles, 2014).

6. Shimon Saphire-Bernstein, Christina M. Larson, Kelly A. Gildersleeve, Melissa R. Fales, Elizabeth G. Pillsworth, and Martie G. Haselton, "Genetic Compatibility in Long-Term Intimate Relationships: Partner Similarity at Major Histocompatibility Complex (MHC) Genes May Reduce In-Pair Attraction," *Evolution and Human*

Behavior 38, no. 2 (2017): 190–196.

7. Larson, "Do Hormonal Contraceptives Alter Mate Choice?"; Shimon Saphire-Bernstein, Christina M. Larson, Elizabeth G. Pillsworth, Steven W. Gangestad, Gian Gonzaga, Heather Strekarian, Christine E. Garver-Apgar, and Martie G. Haselton, "An Investigation of MHC-Based Mate Choice among Women Who Do versus Do Not Use Hormonal Contraception" (unpublished manuscript). Saphire-Bernstein et al., "Genetic Compatibility in Long-Term Intimate Relationships."

8. Michelle Russell, V. James K. McNulty, Levi R. Baker, and Andrea L. Meltzer, "The Association between Discontinuing Hormonal Contraceptives and Wives' Marital Satisfaction Depends on Husbands' Facial Attractiveness," *Proceedings of the National Academy of Sciences* 111, no. 48 (2014): 17081–17086.

9. Trond Viggo Grøntvedt, Nicholas M. Grebe, Leif Edward Ottesen Kennair, and Steven W. Gangestad, "Estrogenic and Progestogenic Effects of Hormonal Contraceptives in Relation to Sexual Behavior: Insights into Extended Sexuality," *Evolution and Human Behavior* 31, no. 3 (2017): 283–292.

10. Geoffrey Miller, Joshua M. Tybur, and Brent D. Jordan, "Ovulatory Cycle Effects on Tip Earnings by Lap Dancers: Economic Evidence for Human Estrus?" *Evolution and Human Behavior* 28, no. 6 (2007): 375–381.

11. Shannen L. Robson and Bernard Wood, "Hominin Life History: Reconstruction and Evolution," *Journal of Anatomy* 212, no. 4 (2008): 394–425.

12. "Depression among Women," Centers for Disease Control and Prevention, https://www.cdc.gov/reproductivehealth/depression/index.htm.

13. Jennifer Hahn-Holbrook and Martie Haselton, "Is Postpartum Depression a Disease of Modern Civilization?" *Current Directions in Psychological Science* 23, no. 6 (2014): 395–400.

14. Natasha Singer and Duff Wilson, "Menopause, As Brought to You by Big Pharma," *New York Times*, December 12, 2009, http://www.nytimes.com/2009/12/13/business/13drug.html?mcubz=0.

15. Kathryn S. Huss, "Feminine Forever," book review, *Journal of the American Medication Association* 197, no. 2 (July 11, 1966).

16. Joe Neel, "The Marketing of Menopause," NPR, August 8, 2002, http://www.npr.org/news/specials/hrt/.

17. Roger A. Lobo, James H. Pickar, John C. Stevenson, Wendy J. Mack, and Howard N. Hodis, "Back to the Future: Hormone Replacement Therapy as Part of a Prevention Strategy for Women at the Onset of Menopause," *Atherosclerosis* 254 (2016): 282–290.

18. JoAnn E. Manson and Andrew M. Kaunitz, "Menopause Management—Getting Clinical Care Back on Track," *New England Journal of Medicine* 374, no. 9 (2016): 803–806.

19. Robert Bazell, "The Cruel Irony of Trying to Be Feminine Forever," NBC News, 2013, http://www.nbcnews.com/id/16397237/ns/health-second_opinion/t/cruel-irony-trying-be-feminine-forever/#.WUK9cemQyUk.

20. Marcia E. Herman-Giddens, Eric J. Slora, Richard C. Wasserman, Carlos J. Bourdony, Manju V. Bhapkar, Gary G. Koch, and Cynthia M. Hasemeier, "Secondary Sexual Characteristics and Menses in Young Girls Seen in Office Practice: A Study from the Pediatric Research in Office Settings Network," *Pediatrics* 99, no. 4 (1997): 505–512.

21. Louise Greenspan and Julianna Deardorff, *The New Puberty: How to Navigate Early Development in Today's Girls* (New York: Rodale, 2014); Dina Fine Maron, "Early Puberty — Causes and Effects," *Scientific American*, May 1, 2015, https://www.scientificamerican.com/article/early-puberty-causes-and-effects/.

22. Frank M. Biro, Maida P. Galvez, Louise C. Greenspan, Paul A. Succop, Nita Vangeepuram, Susan M. Pinney, Susan Teitelbaum, Gayle C. Windham, Lawrence H.

Kushi, and Mary S. Wolff, "Pubertal Assessment Method and Baseline Characteristics in a Mixed Longitudinal Study of Girls," *Pediatrics* 126, no. 3 (2010): e583–e590.

23. Yichang Chen, Le Shu, Zhiqun Qiu, Dong Yeon Lee, Sara J. Settle, Shane Que Hee, Donatello Telesca, Xia Yang, and Patrick Allard, "Exposure to the BPA-Substitute Bisphenol S Causes Unique Alterations of Germline Function," *PLoS Genetics* 12, no. 7 (2016): e1006223; Wenhui Qiu, Yali Zhao, Ming Yang, Matthew Farajzadeh, Chenyuan Pan, and Nancy L. Wayne, "Actions of Bisphenol A and Bisphenol S on the Reproductive Neuroendocrine System during Early Development in Zebrafish," *Endocrinology* 157, no. 2 (2015): 636–647.

24. Paul B. Kaplowitz, "Link between Body Fat and the Timing of Puberty," *Pediatrics* 121, suppl. 3 (2008): S208–S217.

25. Eric Vilain and J. Michael Bailey, "What Should You Do if Your Son Says He's a Girl?" *Los Angeles Times*, May 21, 2015, http://www.latimes.com/opinion/op-ed/la-oe-vilain-transgender-parents-20150521-story.html.

雌激素：关于情绪、陪伴与爱